普通高等教育“十二五”系列教材

大学物理学
学习指导与练习解答

主　编　杜秀国　姜广军
副主编　付　静　刘红梅　王海燕
主　审　宗占国

机械工业出版社

本书是与杜秀国、姜广军等主编、由机械工业出版社出版的主教材——《大学物理学》（上、下册）（2013年版）配套的学习指导与练习解答，主要针对民办普通高校非物理专业大学物理课程教学需要编写而成。

在每一章的学习指导部分，作者以框图形式将知识结构体系展示给读者，指出学习的具体路径，针对教学重点和难点进行全方位解读和剖析，就学习方法提出具体建议，对全章所涉及的主要问题进行分类，同时指出应对策略，并针对学习难点配有“理性解读”“温馨提示”等小模块，用于提醒读者；为方便读者自学，作者有意将主教材中提出的“问题”和“思考”纳入本书中，并一一进行分析解答，同时增设了部分填空题，以便于读者对物理概念和物理规律的理解和把握；在思考与练习解答部分，本书注重问题的分析过程和采用物理规律的优化，注重引导读者进行深入思考。

全书涵盖了力学、热学、电磁学、波动光学以及近代物理等各章节所涉及的所有内容。在编写风格上，力求实现与教材的无缝对接，使学生看得懂——贴近学生、学得进——方便自学、用得上——贴近实际。

图书在版编目（CIP）数据

大学物理学学习指导与练习解答/杜秀国，姜广军主编．—北京：机械工业出版社，2014.11（2021.1重印）
普通高等教育“十二五”系列教材
ISBN 978-7-111-48123-2

Ⅰ.①大…　Ⅱ.①杜…②姜…　Ⅲ.①物理学－高等学校－教学参考资料　Ⅳ.①O4

中国版本图书馆CIP数据核字（2014）第226193号

机械工业出版社（北京市百万庄大街22号　邮政编码100037）
策划编辑：李永联　责任编辑：李永联　任正一
版式设计：赵颖喆　责任校对：肖　琳
封面设计：马精明　责任印制：常天培
北京机工印刷厂印刷
2021年1月第1版第6次印刷
169mm×239mm·10.5印张·196千字
标准书号：ISBN 978-7-111-48123-2
定价：22.00元

电话服务　　　　　　　　　网络服务
客服电话：010-88361066　机　工　官　网：www.cmpbook.com
　　　　　010-88379833　机　工　官　博：weibo.com/cmp1952
　　　　　010-68326294　金　　书　　网：www.golden-book.com
封底无防伪标均为盗版　机工教育服务网：www.cmpedu.com

前言

Preface

为了在物理教学实践中从根本上实现培养学生科学的自然观、宇宙观和辩证唯物主义的世界观，培育学生的探索、创新意识和创新精神，并使其渐进地掌握科学的思维方法和研究方法，最终促进学生实现自主学习、自觉思考、自我完善、自行超越的终极目标，我们在由杜秀国、姜广军主编的主教材《大学物理学》问世之初，便筹划编写这部与之相匹配的学习指导与练习解答。

为实现上述目标，我们本着“教思想”与“教方法”相统一、“练内功”与“强技能”相结合的指导原则，对该书的结构作出如下安排：首先，以框图形式将每一章的知识结构展示出来，使学生的学习具有明确的方向性；其次，将每一章涉及的主要问题和应对策略集中加以提炼，指出多元化解决方案；再次，针对教学重点的突破和教学难点的化解，我们设置了“理性解读”和“温馨提示”小模块，以提醒读者注意，并方便读者自学。在思考与练习解答部分，作者有意将穿插在主教材中比较难的“思考”和“问题”加以分析和解答，同时，为强化学生对基本概念的理解和基本规律的应用，特意遴选了一部分填空题并给出答案。而对于练习题的解答，本书则更加注重运用不同的方法加以分析和求解，给学生提供广阔的思维空间和清晰的思维路径，从中培养学生科学的理性思维习惯。

本书的编写分工如下：杜秀国编写第一至第八章、第十三章和第十四章的学习指导部分（“知识体系结构图”至“问题讨论”），以及第一章至第三章的练习解答部分；姜广军编写第十章和第十二章；付静编写第十一章；刘红梅编写第四章、第十四章的练习解答部分，并负责书稿统筹；王海燕编写第五章和第六章的练习解答部分；王鸣晓、胥馨共同编写第七章、第八章和第十三章的练习解答部分；李丹编写第九章。

在本书编写过程中，宗占国教授提出了许多宝贵建议并给予悉心指导，吉林建筑大学建工学院、长春科技学院提供了大力支持，在这里一并表示深深的谢意。

由于水平所限，书中的瑕疵一定不少，由此给广大读者带来的不便表示深深的歉意，真诚希望广大读者给我们提出改进建议，我们将不胜感激。

编　　者

目 录

Contents

前言
第一章 质点的运动 …………………… 1
本章知识体系结构图 …………………… 1
主要问题的分类及对策 …………………… 1
问题讨论 …………………… 3
填空题及答案 …………………… 5
思考与练习解答 …………………… 5
第二章 牛顿运动定律及其应用 …………………… 12
本章知识体系结构图 …………………… 12
主要问题的分类及对策 …………………… 14
问题讨论 …………………… 15
填空题及答案 …………………… 17
思考与练习解答 …………………… 17
第三章 动量守恒定律和能量守恒定律 …………………… 25
本章知识体系结构图 …………………… 25
主要问题的分类及对策 …………………… 26
问题讨论 …………………… 27
填空题及答案 …………………… 30
思考与练习解答 …………………… 30
第四章 质点系的转动 …………………… 40
本章知识体系结构图 …………………… 40
主要问题的分类及对策 …………………… 41
问题讨论 …………………… 42
填空题及答案 …………………… 43
思考与练习解答 …………………… 43
第五章 机械振动 …………………… 52
本章知识体系结构图 …………………… 52
主要问题的分类及对策 …………………… 53
填空题及答案 …………………… 55
思考与练习解答 …………………… 55
第六章 机械波 …………………… 63
本章知识体系结构图 …………………… 63
主要问题的分类及对策 …………………… 64
问题讨论 …………………… 65
填空题及答案 …………………… 65
思考与练习解答 …………………… 65
第七章 气体动理论 …………………… 75
本章知识体系结构图 …………………… 75
主要问题的分类及对策 …………………… 76
填空题及答案 …………………… 77
思考与练习解答 …………………… 78
第八章 热力学基础 …………………… 82
本章知识体系结构图 …………………… 82
主要问题的分类及对策 …………………… 83
思考与练习解答 …………………… 85
第九章 真空中的静电场 …………………… 91

本章知识体系结构图 …… 91
主要问题的分类及对策 …… 92
问题讨论 …… 95
填空题及答案 …… 95
思考与练习解答 …… 96
第十章 静电场中的导体和电介质 …… 107
本章知识体系结构图 …… 107
主要问题的分类及对策 …… 109
问题讨论 …… 111
填空题及答案 …… 112
思考与练习解答 …… 113
第十一章 稳恒磁场 …… 119
本章知识体系结构图 …… 119
主要问题的分类及对策 …… 120
问题讨论 …… 122
填空题及答案 …… 123
思考与练习解答 …… 124
第十二章 电磁感应 电磁场 电磁波 …… 134
本章知识体系结构图 …… 134
主要问题的分类及对策 …… 136
问题讨论 …… 137
填空题及答案 …… 137
思考与练习解答 …… 138
第十三章 波动光学 …… 144
本章知识体系结构图 …… 144
主要问题的分类及对策 …… 145
问题讨论 …… 146
填空题及答案 …… 148
思考与练习解答 …… 148
第十四章 近代物理基础 …… 156
思考与练习解答 …… 156
参考文献 …… 160

第一章　质点的运动

本章知识体系结构图

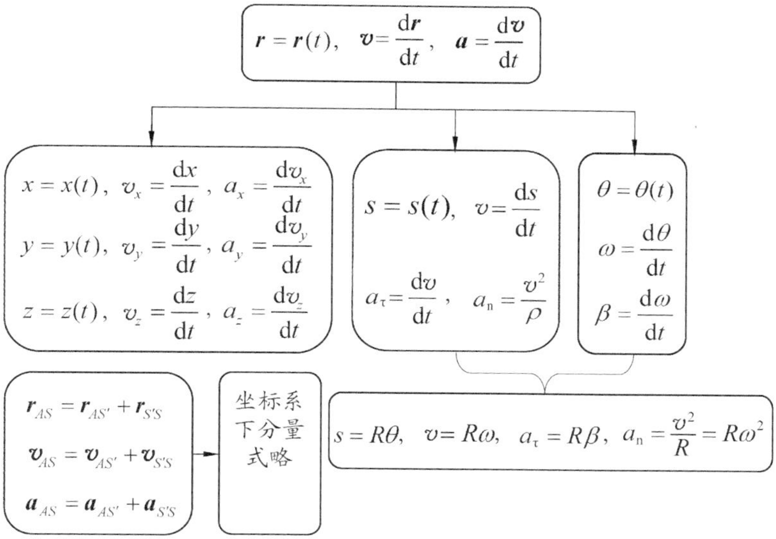

物质运动的多样性和复杂性决定着研究物理问题的方法和手段的不同。在普通物理的学习和研究阶段，一般总是从复杂的问题当中忽略次要因素，抓住主要矛盾，科学合理地抽象出简单的物理模型，恰当运用已有的认知，把握物理规律的内在联系，使问题得到解决。质点的运动是最简单、最基本的运动，由于观察者所选参考系各有不同，加之质点运动的特点各有不同，所以就有了对质点运动的不同描述方法。在本章知识体系结构图中，首行的位置矢量、运动方程、速度和加速度的定义均是就某一参考系而言的，是普适性的，与是否选取坐标系、选什么样的坐标系无关，但要对具体问题进行量化描述，就必须建立合适的坐标系。当遇到参考系（参照系）发生变化时，还必须建立不同参考系下各种物理量之间的联系，这就是我们在课上经常提到的绝对量、牵连量以及相对量之间的关系，如框图末行首列所示。

主要问题的分类及对策

本章所讨论的主要问题可分为三类：

第一类，已知运动方程，求速度、加速度。只需按速度、加速度的定义，将位置矢量对时间连续求导，即可求出任意时刻的速度和加速度。

$$\boldsymbol{r}=\boldsymbol{r}(t)\rightarrow\boldsymbol{v}=\frac{\mathrm{d}\boldsymbol{r}}{\mathrm{d}t}\rightarrow\boldsymbol{a}=\frac{\mathrm{d}\boldsymbol{v}}{\mathrm{d}t}$$

第二类，已知加速度和时间的关系式和速度、位置矢量的初始条件，即计时开始时刻的速度$\boldsymbol{v}_0$和$\boldsymbol{r}_0$，只需根据加速度和速度的定义式，等式两端同乘 $\mathrm{d}t$ 并作积分，即可求出速度和位置矢量。

$$\boldsymbol{a}=\boldsymbol{a}(t)=\frac{\mathrm{d}\boldsymbol{v}}{\mathrm{d}t}\rightarrow\int_{\boldsymbol{v}_0}^{\boldsymbol{v}}\mathrm{d}\boldsymbol{v}=\int_0^t\boldsymbol{a}(t)\mathrm{d}t\rightarrow\boldsymbol{v}=\boldsymbol{v}_0+\int_0^t\boldsymbol{a}(t)\mathrm{d}t$$

$$\boldsymbol{v}=\boldsymbol{v}(t)=\frac{\mathrm{d}\boldsymbol{r}}{\mathrm{d}t}\rightarrow\int_{\boldsymbol{r}_0}^{\boldsymbol{r}}\mathrm{d}\boldsymbol{r}=\int_0^t\boldsymbol{v}(t)\mathrm{d}t\rightarrow\boldsymbol{r}=\boldsymbol{r}_0+\int_0^t\boldsymbol{v}(t)\mathrm{d}t$$

如果所给的加速度表达式中不显含时间，而是含有其他变量，则要视具体情况分离变量，再进行积分求解速度或位置矢量（位矢）。特别地，如果质点在某一直线上运动或在特定的曲线上运动，加速度或切向加速度表达式中只显含位置变量，则要通过分式变换先统一变量，之后再进行分离变量，最后由积分求得速度，进而求位置坐标。

例：已知某质点作一维直线运动，加速度和位置坐标成正比，即 $a=kx$，初始时刻速度为 v_0，位置坐标为 x_0，求该质点在任意位置时的速度。

解：$a=kx=\dfrac{\mathrm{d}v}{\mathrm{d}t}=\dfrac{\mathrm{d}v}{\mathrm{d}x}\dfrac{\mathrm{d}x}{\mathrm{d}t}=v\dfrac{\mathrm{d}v}{\mathrm{d}x}$

从微商的角度看，若分式中同时乘、除某一变量，则不改变其结果。这样，引入中间变量$\mathrm{d}x$，即等式两端同乘 $\mathrm{d}x$，以上等式中的变量就变为速度和位置，而与本问题无关的时间变量便消失。于是，得到如下关系：

$$\int_{v_0}^{v}v\mathrm{d}v=\int_{x_0}^{x}kx\mathrm{d}x$$

等式两端积分并整理得 $v=\left[v_0^2+k(x^2-x_0^2)\right]^{\frac{1}{2}}$

利用分式变换消除多余变量，从而实现统一变量是比较常见的做法，特别是在第二章、第三章和第四章中会经常用到，请读者给予关注。

第三类，已知物体的几何形状或物体某些点的位置之间的几何关系，利用这些几何关系建立运动方程，继而求出其他物理量。本章例 1.3 和下面的问题讨论中的问题 1 和问题 2 等都属此类问题。

理性解读：**很多物理规律（定义、定理、定律、公式）其数学表示都是矢量式，具有形式简洁、物理意义鲜明突出的特点，是原则性表达式。在处理具体问题时，矢量式一般不能用于直接或数量化计算，必须建立适当的坐标系，把矢量式变为各坐标轴方向的分量式，再作代数运算，包括微积分运算。**

温馨提示：**矢量、变量问题的处理是学生学习大学物理的两大难题，同时也是不能回避、必须面对的现实问题。因此，当遇到复杂的物理问题时，要善于抽象出具体的物理模型，并能够在坐标系下利用微积分手段处理矢量、变量问题。如果沿用带有一定惯性的僵化思维模式，试图套用某些公式一蹴而就地处理大学物理问题，将是徒劳无益的。**

问 题 讨 论

问题1：当你借助梯子攀爬墙壁时，是否发现梯子下端越靠近墙壁，梯子上端移动就越缓慢？如图1.1（主教材图1.15）所示。滑道上有一长为 l 的滑竿，当 A 端以速度 v_0 匀速靠近竖直滑道时，讨论 B 端速度与夹角 α 的关系。

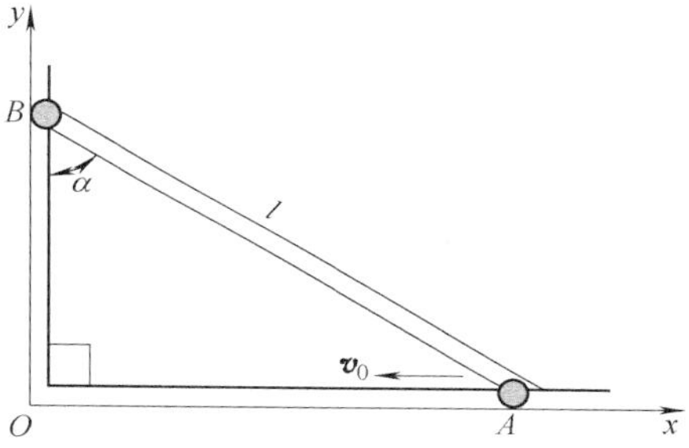

图　1.1

分析解答：滑竿的两个端点分别在两个相互垂直的方向运动，恰好可以选择一个二维直角坐标系求解。设某一时刻 A 点的坐标为 x，B 点的坐标为 y，由于 A、B 两点均在各自坐标轴的正半轴上，所以，A、B 所在点的坐标与各自距原点的距离是等价的，不管滑竿如何运动，总是有

$$x^2 + y^2 = l^2$$

将等式两端分别对时间求导数便可得到

$$2x\frac{\mathrm{d}x}{\mathrm{d}t} + 2y\frac{\mathrm{d}y}{\mathrm{d}t} = 0 \qquad 或 \qquad \frac{\mathrm{d}y}{\mathrm{d}t} = -\frac{x}{y}\frac{\mathrm{d}x}{\mathrm{d}t}$$

由于 A 点运动方向与坐标轴方向相反，所以 $\mathrm{d}x/\mathrm{d}t = -v_0$，而 $x/y = \tan\alpha$，所以，B 点的运动速度可以写为

$$v_B = v_0\tan\alpha$$

可以看出，随着 α 的减小，B 点的运动速度也越来越小。进一步地，还可以讨论加速度随角度 α 的变化关系。

问题2：岸高 h，拉绳速度 v_0 恒定，分析讨论船的运动（求船的速度和加速度）。如图1.2（主教材图1.16）所示。提示：可以选择以 O 为原点的直角坐标系，也可以选择滑轮所在点为原点的极坐标系进行分析和讨论，对比两种方法的解题优势。

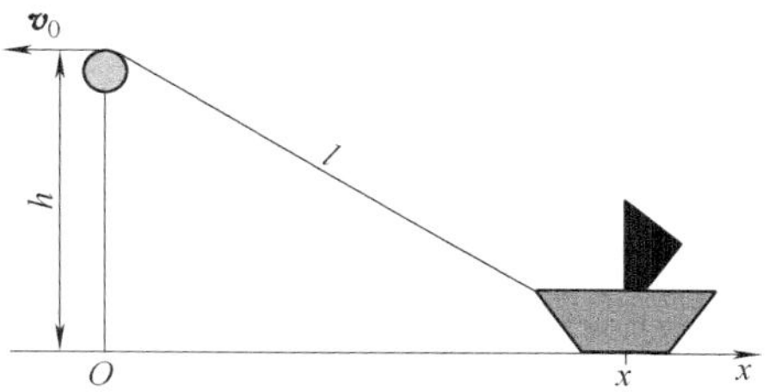

图　1.2

分析解答：鉴于篇幅所限，读者可自行对小船运动的加速度进行讨论，这里只对速度求解并加以讨论。

方法一（直角坐标系）：设绳子总长度为 l_0，建立如图 1.2 所示直角坐标系。由于小船在坐标轴的正半轴，所以小船所在点的坐标与小船相对原点的距离等价，无论小船运动到任何位置，总有

$$x^2+h^2=l^2$$

即

$$x^2+h^2=(l_0-v_0t)^2$$

等式两端同时对时间求导，可得

$$2x\frac{\mathrm{d}x}{\mathrm{d}t}=2(l_0-v_0t)(-v_0)$$

小船的运动速度为

$$v=\frac{\mathrm{d}x}{\mathrm{d}t}=-\frac{v_0(l_0-v_0t)}{x}=-\frac{v_0(l_0-v_0t)}{\sqrt{(l_0-v_0t)^2-h^2}}$$

负号表明小船运动方向与坐标轴正向相反。

方法二（极坐标系）：如图 1.3 所示，以滑轮所在点为原点，以虚线所示方向为参考方向，建立极坐标系，则小船的速度由径向速度和横向速度合成而得。由图示看出，小船速度的大小可由径向速度分量 v_0 求出，即 $v=v_r/\cos\alpha$，而 $v_r=v_0$；$\cos\alpha=x/(l_0-v_0t)$（为便于同方法一中得到的结果比较，仍用 x 表示小船到岸边的距离）。

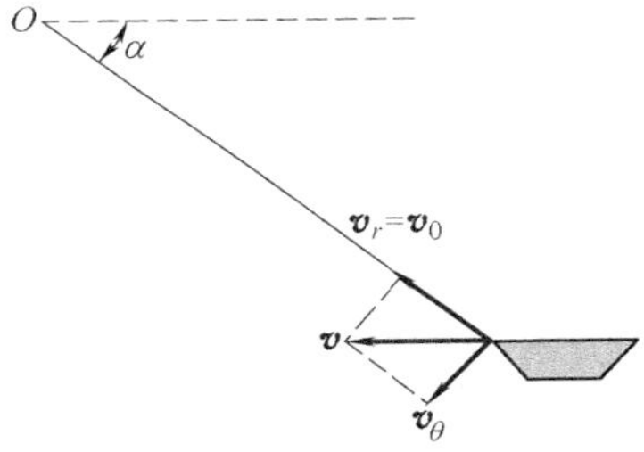

图 1.3

经整理得小船运动速度的大小为

$$v=\frac{v_0(l_0-v_0t)}{\sqrt{(l_0-v_0t)^2-h^2}}$$

正是因为此种方法中事先没有设定小船运动的参考方向，即方法一中的 x 轴正方向，所以这里求得的只是小船运动速度的大小。两种处理方法相比较，显然，方法二更简单。值得指出，在高中阶段解决这一问题时，方法二常被用到，但由于当时很多学生对极坐标系的构成要素不甚了解，所以对结果的合理性难免有所疑惑，甚至常常误将小船的运动作为绳子运动的一个分运动来处理，这就难免得到错误的结论。提醒读者注意，我们的研究对象是小船，它是运动的主体。站在滑轮处的观察者观察小船的运动，确实感受到了小船参与了两种运动：一方面，绳子变短——小船参与了径向运动，另一方面，相对于参考方向（虚线所示方向）小船发生了转动——小船参与了横向运动。针对这一问题的讨论，我们还可以收获这样的体会：对于同一个问题，观察者对运动的观察角度不同决定

了处理问题的方法的差异。

填空题及答案

1. 说出质点运动学中下列符号的含义：$\boldsymbol{r}$；r；$\Delta\boldsymbol{r}$；$|\boldsymbol{r}|$；Δr；$|\Delta\boldsymbol{r}|$；$\left|\frac{\Delta\boldsymbol{r}}{\Delta t}\right|$；$\frac{\Delta\boldsymbol{r}}{\Delta t}$；$\frac{1}{\Delta t}\int_t^{t+\Delta t}\mathrm{d}\boldsymbol{r}$；$\frac{1}{\Delta t}\int_t^{t+\Delta t}\boldsymbol{v}\mathrm{d}t$；$\frac{\mathrm{d}\boldsymbol{v}}{\mathrm{d}t}$；$\lim\limits_{\Delta t\to 0}\frac{\Delta\boldsymbol{v}}{\Delta t}$；$\left|\frac{\mathrm{d}\boldsymbol{v}}{\mathrm{d}t}\right|$；$\frac{\mathrm{d}v}{\mathrm{d}t}$；$v\boldsymbol{\tau}$；$\frac{\mathrm{d}(v\boldsymbol{\tau})}{\mathrm{d}t}$。

解答：$\boldsymbol{r}$：位置矢量（位矢）；$r=|\boldsymbol{r}|$：位置矢量的大小；$\Delta\boldsymbol{r}$：位移矢量；$|\boldsymbol{r}|$：位置矢量的大小；$\Delta r=|\boldsymbol{r}_2|-|\boldsymbol{r}_1|$：位置矢量大小的增量；$|\Delta\boldsymbol{r}|$：位移矢量的大小；$\left|\frac{\Delta\boldsymbol{r}}{\Delta t}\right|$：平均速度的大小；$\frac{\Delta\boldsymbol{r}}{\Delta t}$：平均速度；$\frac{1}{\Delta t}\int_t^{t+\Delta t}\mathrm{d}\boldsymbol{r}$：平均速度；$\frac{1}{\Delta t}\int_t^{t+\Delta t}\boldsymbol{v}\mathrm{d}t$：平均速度；$\frac{\mathrm{d}\boldsymbol{v}}{\mathrm{d}t}$：加速度；$\lim\limits_{\Delta t\to 0}\frac{\Delta\boldsymbol{v}}{\Delta t}$：加速度；$\left|\frac{\mathrm{d}\boldsymbol{v}}{\mathrm{d}t}\right|$：加速度的大小；$\frac{\mathrm{d}v}{\mathrm{d}t}$：切向加速度；$v\boldsymbol{\tau}$：速度矢量；$\frac{\mathrm{d}(v\boldsymbol{\tau})}{\mathrm{d}t}$：加速度。

2. 质点在平面直角坐标系中的坐标为 $x=2\mathrm{m}$，$y=3\mathrm{m}$，用 $\boldsymbol{r}$ 表示质点的位置矢量，则 $\boldsymbol{r}=\underline{(2\boldsymbol{i}+3\boldsymbol{j})\,\mathrm{m}}$。

3. 一人站在作匀速直线运动的车上，竖直向上抛出一个钢球，车上的观察者看到球的轨迹是＿直线＿，站在地面上的另一个观察者看到球的轨迹却是＿抛物线＿。

思考与练习解答

1. 回答下列问题

（1）$\Delta\boldsymbol{r}$ 和 Δr 有何区别？$\mathrm{d}\boldsymbol{v}/\mathrm{d}t$ 和 $\mathrm{d}v/\mathrm{d}t$ 有何区别？

（2）路程和位移有何区别？速度和速率有何区别？

分析解答：

（1）$\Delta\boldsymbol{r}$ 是质点在某一时间间隔内发生的位移，是质点在 t_2 时刻的位置矢量 $\boldsymbol{r}_2$ 与 t_1 时刻的位置矢量 $\boldsymbol{r}_1$ 的差值，即 $\Delta\boldsymbol{r}=\boldsymbol{r}_2-\boldsymbol{r}_1$，它是矢量，大小等于 $|\boldsymbol{r}_2-\boldsymbol{r}_1|$；$\Delta r$ 是指质点在 t_2 时刻的位置矢量 $\boldsymbol{r}_2$ 的大小 $|\boldsymbol{r}_2|$ 与 t_1 时刻的位置矢量 $\boldsymbol{r}_1$ 的大小 $|\boldsymbol{r}_1|$ 的差值，即 $\Delta r=|\boldsymbol{r}_2|-|\boldsymbol{r}_1|$，它是标量，通常情况下，$|\boldsymbol{r}_2-\boldsymbol{r}_1|$ 不等于 $|\boldsymbol{r}_2|-|\boldsymbol{r}_1|$。$\mathrm{d}\boldsymbol{v}/\mathrm{d}t$ 表示的是加速度 $\boldsymbol{a}$，与坐标系无关；$\mathrm{d}v/\mathrm{d}t$ 表示的是自然坐标系下的加速度切向分量 a_τ。除一维直线运动外，二者的大小是不相等的。

（2）路程是指质点在 t_1 至 t_2 时间间隔内所经历的几何路径的总长度，一般用 Δs 表示，是标量；位移是质点在 t_2 时刻的位置矢量 $\boldsymbol{r}_2$ 与 t_1 时刻的位置矢量 $\boldsymbol{r}_1$ 的差值，即 $\Delta\boldsymbol{r}=\boldsymbol{r}_2-\boldsymbol{r}_1$，是矢量，通常情况下，$\Delta s$ 不等于 $|\boldsymbol{r}_2-\boldsymbol{r}_1|$。速度 $\boldsymbol{v}=\mathrm{d}\boldsymbol{r}/\mathrm{d}t$，反映了位置矢量变化的快慢，是矢量；而速率 $v=\mathrm{d}s/\mathrm{d}t$，反映了路程或

弧长变化的快慢，是标量，速度和速率不相等，但由于在 $dt \to 0$ 时，必有 $|d\boldsymbol{r}| = ds$，即 $|\boldsymbol{v}| = v$，所以速度的大小即为速率。

2. 一物体以恒定速率 v_1 向东运行，当它刚到达距出发点为 d 的一点时，立即以恒定的速率 v_2 往回运动并回到原处。试问全程的平均速度和平均速率各是多少？

分析解答：由平均速度和平均速率的定义不难看出，物体所发生的位移为零，所以平均速度等于零；而在此过程中，物体经历的路程 $2d$，所用的时间为 $d/v_1 + d/v_2$，所以，平均速率等于 $2v_1v_2/(v_1+v_2)$。

3. 物体有无下列运动？如果有，请举例说明：

(1) 具有恒定的加速度，但运动方向在不断改变；

(2) 具有恒定的速率，但速度在不断改变；

(3) 具有恒定的速度，但加速度不为零。

分析解答：

(1) 有，理想的抛体运动具有恒定的加速度，如果初速度方向与加速度方向夹角不等于 0 或 π，则物体运动方向一定在不断改变。

(2) 有，在匀速率圆周运动中，虽然速率不变，但速度方向时刻在改变。

(3) 没有，根据加速度的定义，如果速度是常矢量，则加速度一定为零，即，$\boldsymbol{a} = d\boldsymbol{v}/dt = 0$。

4. 一质点在平面上作一般曲线运动，其瞬时速度为 $\boldsymbol{v}$，瞬时速率为 v，某一段时间内的平均速度为 $\bar{\boldsymbol{v}}$，平均速率为 $\bar{v}$，下面关系正确的是（　　）？

A. $|\boldsymbol{v}| = v, |\bar{\boldsymbol{v}}| = \bar{v}$；B. $|\boldsymbol{v}| \neq v, |\bar{\boldsymbol{v}}| = \bar{v}$；C. $|\boldsymbol{v}| \neq v, |\bar{\boldsymbol{v}}| \neq \bar{v}$；D. $|\boldsymbol{v}| = v, |\bar{\boldsymbol{v}}| \neq \bar{v}$

分析解答：由于 $|d\boldsymbol{r}| = ds$，$|\Delta \boldsymbol{r}| \neq \Delta s$，所以正确的是 D。同理，根据速度、平均速度以及速率、平均速率的定义，可以判定其他选项都是错的。

注：判断物理量之间的等价关系是否正确，关键是要全面、清晰地理解每个物理量定义的内涵。

5. 质点作曲线运动，$\boldsymbol{r}$ 表示位置矢量，$\boldsymbol{v}$ 表示速度，$\boldsymbol{a}$ 表示加速度，s 表示路程，a_τ 表示加速度切向分量，对下列表达式，即 (1) $\frac{dv}{dt} = a$；(2) $\frac{dr}{dt} = v$；(3) $\frac{ds}{dt} = v$；(4) $\left|\frac{d\boldsymbol{v}}{dt}\right| = a_\tau$。正确的应该是（　　）？

分析解答：根据题中所涉及的物理量的定义，可以看出，只有 (3) 是正确的。

6. 已知质点沿 x 轴作直线运动，其运动方程为 $x = 4t - t^2$ (m)，则前 3.0s 内，质点位移的大小为多少？所通过的路程为多少？

分析解答：根据位移的定义，将 $t=3\text{s}$ 和 $t=0$ 代入上述运动方程，质点在前三秒发生的位移为

$$\Delta x = x_3 - x_0 = 3\text{m}$$

要求该质点在前三秒通过的路程，关键要判定在这段期间质点是否停下，向相反方向运动，或是一直沿原来的方向运动，为此，先求该质点速度

$$v = \frac{dx}{dt} = 4 - 2t(\text{m} \cdot \text{s}^{-1})$$

可以看到，在两秒时，该质点停下，此时，该质点所在位置 $x_2 = (4\times 2 - 4)\text{m} = 4\text{m}$，可见，该质点此后又反向运动了 1m，总路程为 5m。

如果质点在运动的过程中多次停下，可分别计算每相邻两次停下质点所发生的位移，之后将这些位移的绝对值相加，即可得到质点运动的总路程。

7. 质点在 Oxy 平面内运动，其运动方程为 $\boldsymbol{r} = a\cos\omega t\boldsymbol{i} + b\sin\omega t\boldsymbol{j}$，其中 a，b，ω 均为大于零的常数。试求质点运动的轨迹方程。

分析解答：比较位矢在直角坐标系下的表示式 $\boldsymbol{r} = x\boldsymbol{i} + y\boldsymbol{j}$ 不难看出

$$x = a\cos\omega t, \qquad y = b\sin\omega t$$

这是该质点分别在两个相互垂直方向分运动的运动方程，其特点是具有明显的时间周期性。在稍后第五章的简谐运动中还将对此进行详细讨论，请读者予以关注。

进一步地，分别将以上两等式两端平方并整理得

$$\frac{x^2}{a^2} + \frac{y^2}{b^2} = 1$$

可见，该质点运动的轨迹为椭圆。试想，如果 $\boldsymbol{r} = a\cos\omega t\boldsymbol{i} + b\cos\omega t\boldsymbol{j}$，类似上述分析，你能否立即得出该质点运动的轨迹是一条直线？这将是我们在学习简谐运动合成问题时要讨论的内容。

8. 质点的运动方程为 $x = -10t + 30t^2$ 和 $y = 15t - 20t^2$，式中 x，y 以 m 计，t 以 s 计。试求：（1）初速度的大小和方向；（2）加速度的大小和方向。

分析解答：（1）由运动的直角坐标描述，我们不难得到该质点在 x、y 轴方向的运动速度的一般表达式分别是

$$v_x = \frac{dx}{dt} = -10 + 60t,\ v_y = \frac{dy}{dt} = 15 - 40t$$

将 $t=0$ 分别代入以上两式，得 $v_{0x} = -10\text{m} \cdot \text{s}^{-1}$，$v_{0y} = 15\text{m} \cdot \text{s}^{-1}$

$$v_0 = \sqrt{v_{0x}^2 + v_{0y}^2} = 18.02\text{m} \cdot \text{s}^{-1}，与 x 轴夹角 \alpha = \arctan\frac{v_{0y}}{v_{0x}} = 123°42'$$

$$（2）a_x = \frac{dv_x}{dt} = 60\text{m} \cdot \text{s}^{-2},\ a_y = \frac{dv_y}{dt} = -40\text{m} \cdot \text{s}^{-2}$$

$a_0=\sqrt{a_{0x}^2+a_{0y}^2}=72.11\text{m}\cdot\text{s}^{-2}$　与 x 轴夹角 $\beta=\arctan\dfrac{a_{0y}}{a_{0x}}=-33°41'$

9. 一质点沿 Ox 轴运动，其加速度与速度成正比，比例系数为 k，加速度的方向与运动方向相反。设初始坐标为 x_0，初始速度为 v_0，试求质点的速度表达式及运动方程。

分析解答：这是我们在前面提到过的加速度表达式中不显含时间而是显含其他变量的问题。由于加速度的方向与速度方向相反，若设速度方向为正方向。

依据题意应有
$$a=-kv=\frac{\mathrm{d}v}{\mathrm{d}t}$$

分离变量，并考虑到速度的初始条件，应有
$$\int_{v_0}^{v}\frac{\mathrm{d}v}{v}=-k\int_0^t\mathrm{d}t$$

对等式两端积分得
$$\ln\frac{v}{v_0}=-kt$$

解得
$$v=v_0\mathrm{e}^{-kt}$$

如果设加速度方向为正方向，对结果有影响吗？

按照速度的定义，把 $v=v_0\mathrm{e}^{-kt}$ 改写成 $\mathrm{d}x/\mathrm{d}t=v_0\mathrm{e}^{-kt}$，分离变量，并考虑到位置的初始条件，应有下式成立：
$$\int_{x_0}^{x}\mathrm{d}x=\int_0^t v_0\mathrm{e}^{-kt}\mathrm{d}t=-\frac{v_0}{k}\int_0^t\mathrm{e}^{-kt}\mathrm{d}(-kt)$$

等式两端积分，得该质点的运动方程为
$$x=\frac{v_0}{k}(1-\mathrm{e}^{-kt})+x_0$$

随着时间 t 的增加，最终质点将在 $x_m=(v_0/k)+x_0$ 处停止运动。

如果你不适应这种稍显繁琐的求解过程，是否想过通过分式变换可以更便捷地求得质点的运动方程？让我们来体验一下。

通过分式变换可以将 $a=-kv=\mathrm{d}v/\mathrm{d}t$ 改写成
$$-kv=\frac{\mathrm{d}v}{\mathrm{d}x}\frac{\mathrm{d}x}{\mathrm{d}t}=v\frac{\mathrm{d}v}{\mathrm{d}x}$$

即
$$-k\int_{x_0}^{x}\mathrm{d}x=\int_{v_0}^{v}\mathrm{d}v$$

积分并整理得
$$x=\frac{1}{k}(v_0-v)+x_0\rightarrow x=\frac{v_0}{k}(1-\mathrm{e}^{-kt})+x_0$$

可见，分式变换在处理某些积分问题时会使求解过程大大简化。

10. 一开始静止于 x_0 处的质点，以加速度 $a=-k/x^2$ 沿 Ox 轴负方向运动，k 为正值常量。求质点的速度与其坐标间的关系。

分析解答：由加速度的定义可以得到

$$-\frac{k}{x^2}=\frac{dv}{dt}$$

等式中含有三个变量 x，v，t，所要求解的又恰恰是速度与坐标的关系，用分式变换消除时间变量是唯一的选择。为此，将上式改写成如下形式：

$$v\frac{dv}{dx}=-\frac{k}{x^2}$$

分离变量，并考虑到速度和位置的初始条件，应有

$$\int_0^v v dv=-k\int_{x_0}^x x^{-2}dx$$

积分得

$$v^2=\left[2k\left(\frac{1}{x}-\frac{1}{x_0}\right)\right]$$

由于质点是由静止开始运动的，而加速度又与坐标轴的正方向相反，那么，质点运动的速度一定与坐标轴正方向相反，所以该结果应表示成

$$v=-\left[2k\left(\frac{1}{x}-\frac{1}{x_0}\right)\right]^{\frac{1}{2}}$$

另外，由于 x_0，x 均是坐标，所以只有 $\frac{1}{x}-\frac{1}{x_0}>0$ 的运动才是成立的，这样，必有 $x_0<0$，请问，x_0 为什么不能大于零？结合此前的讨论，你能给出合理的解释吗？

11. 一小球沿斜面向上运动，其运动方程为 $s=5+4t-t^2$，式中 s 以 m 计，t 以 s 计。试求：（1）小球运动到最高点的时刻；（2）从 $t=0$ 到小球运动到最高点这段时间内的位移大小。

分析解答：

（1）小球运动到最高点，它的速度一定为零。因此，无论是将 s 看成特殊的弧坐标，还是将它认定为沿斜面向上的一维直角坐标，下面等式总成立

$$v=\frac{ds}{dt}=4-2t=0$$

由此解得 $t=2$s，即在 2s 时，小球运动到最高点。

（2）显然小球从开始出发到最高点停止，所发生的位移为 $\Delta s=s_2-s_0=(9-5)\text{m}=4\text{m}$。进一步地，还可以讨论小球回到出发点或回到斜面最低点所需要的时间。

12. 一质点作半径 $R=3$m 的圆周运动。初速度为零，角加速度随时间的变化为 $\beta=4t^2-5t(\text{rad}\cdot\text{s}^{-2})$。求质点任意时刻的速率和法向加速度的大小。

分析解答：给出角加速度，利用角加速度的定义便可通过积分求角速度，再依据线量和角量的关系求初速度，进而求出法向加速度。

由

$$\beta=\frac{d\omega}{dt}=4t^2-5t$$

考虑到速度的初始条件，可得

$$\int_0^{\omega} d\omega = \int_0^t (4t^2 - 5t)\,dt$$

积分得

$$\omega = \frac{4}{3}t^3 - \frac{5}{2}t^2 \quad (\mathrm{rad \cdot s^{-1}})$$

再由线量和角量的关系 $v=\omega R$，可得质点任意时刻的速率为

$$v = 4t^3 - \frac{15}{2}t^2 \quad (\mathrm{m \cdot s^{-1}})$$

法向加速度为

$$a_n = \frac{v^2}{R} = \frac{\left(4t^3 - \frac{15}{2}t^2\right)^2}{3} = \frac{16}{3}t^6 - 20t^5 + \frac{75}{4}t^4 \quad (\mathrm{m \cdot s^{-2}})$$

13. 一质点沿着一圆周运动，其运动方程为 $s=5-2t+t^2$（m）。若 $t=2$s 时，其法向加速度 $a_n=0.5\mathrm{m \cdot s^{-1}}$。试求：（1）圆周半径；（2）$t=3$s 时的速度、切向加速度、法向加速度及总加速度的大小。

分析解答：由运动方程可以求速率的一般表达式，再由法向加速度与半径的关系式求出半径，之后再求速度、切向加速度、法向加速度以及加速度的大小。

（1）由运动方程 $s=5-2t+t^2$，可得任意时刻质点运动的线速度为

$$v = -2+2t \quad (\mathrm{m \cdot s^{-1}})$$

当 $t=2$s 时，$v=2\ \mathrm{m \cdot s^{-1}}$，$a_n=0.5\mathrm{m \cdot s^{-2}}$，由 $a_n=v^2/R$ 得 $R=v^2/a_n=8$m。

（2）将 $t=3$s 代入速度表达式 $v=-2+2t(\mathrm{m \cdot s^{-1}})$ 中，得 $v=4\mathrm{m \cdot s^{-1}}$。切向加速度 $a_\tau=\mathrm{d}v/\mathrm{d}t=2\mathrm{m \cdot s^{-2}}$，法向加速度 $a_n=v^2/R=(-2+2t)^2/8$，当 $t=3$s 时，$a_\tau=2\mathrm{m \cdot s^{-2}}$，$a_n=2\mathrm{m \cdot s^{-2}}$，总加速度 $a=({a_\tau}^2+{a_n}^2)^{\frac{1}{2}}=2\sqrt{2}\mathrm{m \cdot s^{-2}}$。

14. 一质点沿半径为 0.10m 的圆周运动，其角位置 θ（以 rad 计）可用下式表示：

$$\theta = 2 + 4t^3$$

式中 t 以 s 计。（1）求质点在 $t=2$s 及 $t=4$s 时的法向加速度和切向加速度；（2）当切向加速度的大小为总加速度的一半时，θ 的值为多少？

分析解答：

（1）由于法向加速度 $a_n=\omega^2 R$，切向加速度 $a_\tau=\beta R$，所以应先将角速度和角加速度求出。

将 θ 对时间求一阶导数，得角速度 $\omega=\mathrm{d}\theta/\mathrm{d}t=12t^2$，将 ω 对时间求一阶导数，得角加速度 $\beta=24t$。

当 $t=2$s 时，切向加速度为 $a_{\tau 2}=\beta_2 R=4.8\mathrm{m \cdot s^{-2}}$；法向加速度为 $a_{n2}={\omega_2}^2 R=230.4\mathrm{m \cdot s^{-2}}$。

当 $t=4\text{s}$ 时，切向加速度为 $a_{\tau 4}=\beta_2 R=9.6\text{m}\cdot\text{s}^{-2}$；法向加速度为 $a_{n4}=\omega_4{}^2 R=3686\text{m}\cdot\text{s}^{-2}$。

（2）当切向加速度大小等于总加速度大小的一半时，应有

$$a_\tau=\frac{1}{2}\sqrt{a_\tau{}^2+a_n{}^2}\rightarrow\sqrt{3}a_\tau=a_n$$

即 $t^3=\sqrt{3}/6$ 代入 $\theta=2+4t^3$，此时：$\theta=(2+2/\sqrt{3})\text{rad}=3.15\text{rad}$。

第二章　牛顿运动定律及其应用

本章知识体系结构图

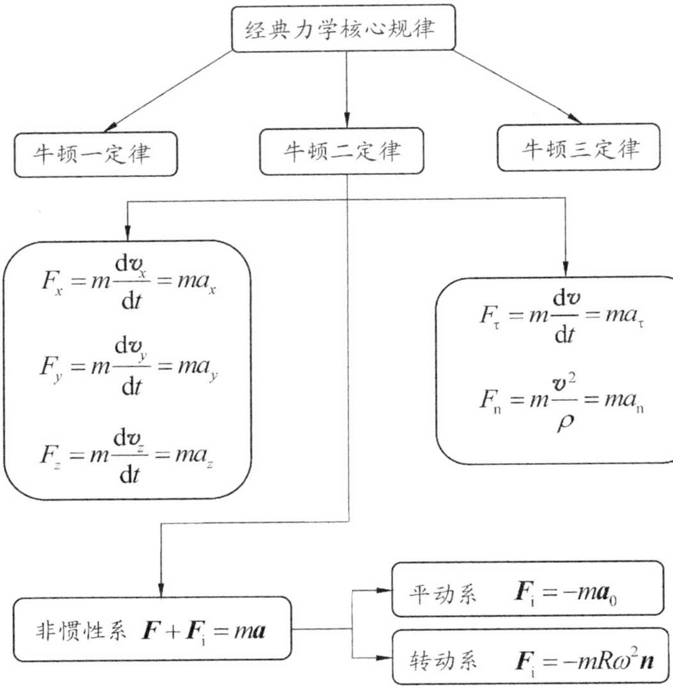

通过对本章的研读和学习，特别是针对爱因斯坦关于对牛顿哲学思想中“统一性”的评说，你是否有这样的体会：作为经典力学（也称牛顿力学）核心的牛顿运动定律中的三个定律密不可分，相互支撑，浑然一体。另外，如果仔细阅读并体会课文中第二节关于万有引力定律的推导过程，我们便不难看出，在万有引力定律的发现过程中，牛顿第二定律功不可没，这恰恰印证了牛顿运动定律与万有引力定律的相互协调与统一。可以说，万有引力定律也是牛顿力学体系的有机组成部分，以 300 多年前牛顿思考的苹果能落在地上，而行星总是绕着恒星旋转为话题，让我们再次模拟当初牛顿的思维，讨论这个问题。请回看下面的关系式

$$\boldsymbol{F}=m_1\boldsymbol{g}=-G\frac{m_1m_2}{r^3}\boldsymbol{r}=m_1\boldsymbol{a}$$

如果 $\boldsymbol{F}$ 是苹果受的力，m_1 是苹果的质量，m_2 是地球的质量，r 是苹果到地心的距离，$\boldsymbol{r}$ 是地心引向苹果所在点的矢量（或称苹果相对地心的位矢），毫无疑问，苹果的加速度便是 $\boldsymbol{a}$。

观察并思考20分钟，由此，我们会联想到什么呢？如果答案还没有清晰地浮现出来，没关系，让我们用下面的图示把它们的关系联系起来，经典力学（牛顿力学）规律的协调性与统一性已经展现在我们面前：

一方面，看图2.1的左下部，有下面的关系成立

$$\boldsymbol{F}=m_1\boldsymbol{a}=m_1\boldsymbol{g}$$

我们看到，熟透的苹果会与枝干脱离，此时，它只受重力 $m_1\boldsymbol{g}$ 的作用，其结果是——苹果会以加速度 $\boldsymbol{a}=\boldsymbol{g}$ 自由落向地面，这是在地上看到的结果。

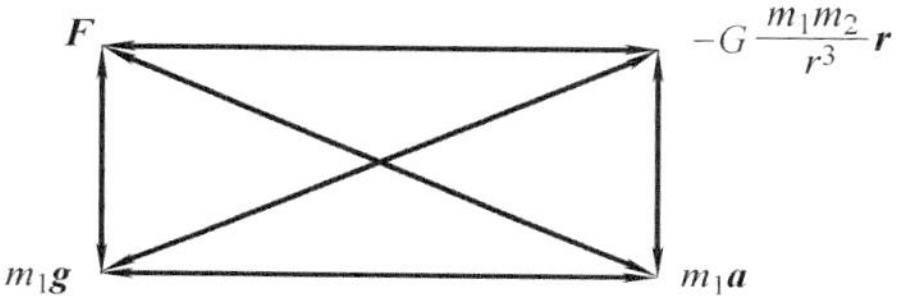

图　2.1

另一方面，看图2.1的右上部，有下面的关系成立

$$\boldsymbol{F}=m_1\boldsymbol{a}=-G\frac{m_1m_2}{r^3}\boldsymbol{r}$$

将这一关系置于自然坐标系下，该式又可写成如下形式：

$$\boldsymbol{F}=m_1\frac{v^2}{r}\boldsymbol{n}=G\frac{m_1m_2}{r^2}\boldsymbol{n}$$

式中，$\boldsymbol{n}$ 是法向单位矢量，与 $\boldsymbol{r}$ 方向相反，当苹果以速度 v 运动起来，我们还看到：同样的苹果受到同样的力（其实引力和重力本质上是相同的），也能以 $v=\sqrt{Gm_2/r}$ 的速度绕地心作半径为 r 的圆周运动，这也可以理解为我们在天上看到的结果。即，把苹果想象成绕地球运动的卫星，或者也可以把苹果想象成地球，而把地球想象成是太阳。如此想象和类比，你就会理解熟透的苹果为什么会加速落到地上，而地球总是绕着太阳转个不停的原因了，看来，天上地下的不同事物却有着统一的属性。也许300多年前牛顿也是这样想的吧！

当然，如果没有牛顿第二定律的发现，上面图示中所显示的关系都将不复存在，引力与距离的二次方反比关系也就不再成立。可见，牛顿第二定律的重要性。

理性解读：**在牛顿的自然哲学中，这些表面看来毫不相干的事物都有着同一动因——它们都是力的使然。在这里，自然界的完整与统一、和谐与对称获得了充分而有效的验证。正如爱因斯坦所言：“从那些看来与直接可见的真理十分不同、十分复杂的现象中认识到它们的统一性，那是一种壮丽的感觉”。**

温馨提示：**万有引力定律所反映出的物体间的相互作用力与物体间距离所遵从的二次方反比关系，是自然界中普遍存在的关系，是牛顿力学的有机组成部分。不仅如此，这种二次方反比关系的确立，对后来电学和磁学诸多规律的发现有着最直接的引领和启示作用。**

主要问题的分类及对策

本章所讨论的主要问题是如何运用牛顿运动定律处理质点的动力学问题。包括：已知质点的受力，求运动学量；已知质点的运动信息，求力；已知部分运动信息和力，求某个力或运动学量。具体可分为两类：

第一类，惯性系下动力学问题的处理。

解题的基本方法和步骤如下：

选定某个惯性系（惯性参考系）→确定研究对象，对其进行受力分析（如果有多个质点，一定要用隔离体法，分别进行受力分析）→建立合适的坐标系，根据牛顿第二定律列出分量式方程，如有需要，列出补充方程→方程求解，如有必要，应对结果作必要的讨论。

另外，这类问题中还要细化分为恒力问题和变力问题。如果所涉及的问题中的力都是恒力，这便是读者在高中学习阶段就已经历过的问题，不再加以阐述。如果遇到变力问题，特别是质点作一维直线运动或是作特殊的曲线运动（如圆周运动）时，就要注意积分运算中的变量统一问题了。以常见的质点作一维直线运动或圆周运动为例，具体说明如下：

若 $F=F(t)$，则可根据牛顿第二定律的分量式方程，直接分离变量并积分求解。

若 $F=F(v)$ 或 $F=F(\omega)$，也同样可根据牛顿第二定律的分量式方程，直接分离变量并积分求解。

若 $F=F(x)$、$F=F(\theta)$，这时，必须借助分式变换，以消除多余的时间变量，进而利用牛顿第二定律分量式方程，分离变量并积分求解。

第二类，非惯性系下动力学问题的处理。

关于这类问题的求解，其基本方法和步骤同第一类基本相同，但由于质点在非惯性系下运动，便可细化为两种处理方法：

其一，选惯性系。由于非惯性系的存在，质点相对于惯性系的加速度是由质点相对非惯性系的加速度和非惯性系相对惯性系的加速度的矢量叠加而成，而在具体计算时，采用的都是牛顿第二定律的分量式，所以还必须把加速度的这种矢量叠加关系在坐标系下转化成代数叠加关系才能进行计算，事实上，读者在高中学习阶段，都是采用这种办法处理的。

其二，选非惯性系。此时，只需要在质点所受的合外力中考虑“惯性力”

的存在即可，相比之下，这种处理方法比较简单。回看主教材中的例 2.4 的求解过程，以及对两种参考系下所列方程的对比，体会就更直接，更具体。

问 题 讨 论

问题 1：能否根据 $\boldsymbol{F}=m\boldsymbol{a}$ 作如下设想：哪怕用很小的力，但只要力作用的时间足够长，即可以把物体加速到光速。

分析解答：可参看、比较主教材中的式（2.1）和式（2.2），这个问题的结论便不难得出。牛顿第二运动定律 $\boldsymbol{F}=m\boldsymbol{a}$ 这种表述方式，只适用于低速运动范围，此时，研究对象的质量可认为不随运动速度的改变而变化。可是，一旦研究对象作高速运动，其质量将随速度变化，此时 $m=m_0/\sqrt{1-v^2/c^2}$，这样，牛顿第二定律的这种表述已不再成立，但还是不难看出，随着速度的增加，质量越来越大，可见，一个有限大的力不可能对物体的加速度有无限的贡献，更不可能使其加速到光速。另外，从式（2.1）即 $\boldsymbol{F}=\mathrm{d}\boldsymbol{p}/\mathrm{d}t=\mathrm{d}(m\boldsymbol{v})/\mathrm{d}t$，也可作定性讨论：由于力是常矢量，将上式具体化，得

$$\boldsymbol{F}=m\frac{\mathrm{d}\boldsymbol{v}}{\mathrm{d}t}+\boldsymbol{v}\frac{\mathrm{d}m}{\mathrm{d}t}=\boldsymbol{b}\ \text{（常矢量）}$$

可见

$$\boldsymbol{a}=\frac{\mathrm{d}\boldsymbol{v}}{\mathrm{d}t}=\frac{\boldsymbol{b}}{m}-\frac{1}{m}\boldsymbol{v}\frac{\mathrm{d}m}{\mathrm{d}t}$$

由于随着速度的增加，必有 $\mathrm{d}m/\mathrm{d}t>0$（读者也可将其具体化，自行验证这一结论），即便不去考虑等式右端第二项的大小，随着质量的进一步增加，加速度也会越来越小，当质点的运动速度接近光速时，加速度几乎为零，也就是说，质点的速度很难再增加了。从 $m=m_0/\sqrt{1-v^2/c^2}$ 不难看出，只有像静止质量为零的光子才能以光速运动。

问题 2：结合牛顿运动定律的学习和讨论，试述 $\boldsymbol{F}=\mathrm{d}(m\boldsymbol{v})/\mathrm{d}t$ 和 $\boldsymbol{F}=m\boldsymbol{a}$ 物理意义有何区别？怎样理解经典力学中的质量是不变量？

分析解答：关于第一个问题，主教材中已有原则性的表述。关于第二个问题，这里广义的质量变与不变，有两方面的含义：一是指在运动过程中，研究对象所含物质的量变化与否。从这个意义上讲，两种表达式中的质量（研究对象所含物质的量）均是不变量。在高速运动情况下，虽然前一表达式中的质量和运动速度存在 $m=m_0/\sqrt{1-v^2/c^2}$ 这一关系，但这一关系应该理解为仅仅是一种相对论效应，并不意味着研究对象所含物质的量有任何变化。二是指研究对象在运动过程中是否随时间或速度的变化而变化。从这个意义上讲，前一表达式中的质量是变量，而后一表达式中的质量是不变量。**总之，在经典力学框架内，研究对象所含物质的量不变，研究对象的质量也不随运动的改变而改变，这便是经典力**

学中质量是不变量的含义。

问题3：一长为l、密度均匀的柔软链条，其单位长度的质量为λ，将其自然堆放在地面，如图2.2（主教材图2.17）所示。用手握住链条一端，以速度v匀速将其上提，当链条端点离地高度为x时，求手提力的大小。

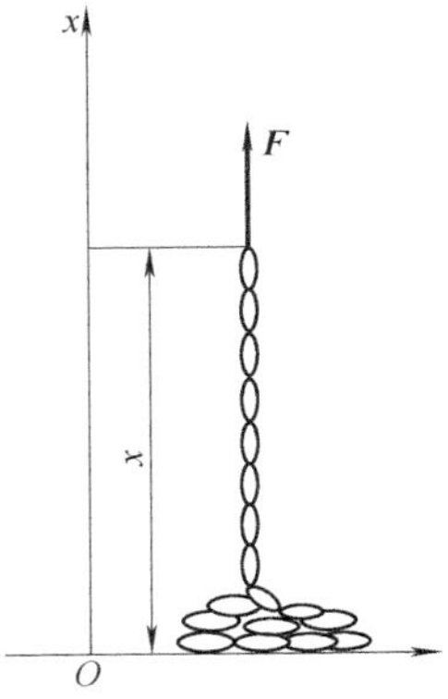

图 2.2

分析解答：初见此题，你可能马上想到，如果以链条被提起部分为研究对象，由于链条是匀速运动，所以

$$F - mg = 0$$

式中，m是被提起部分链条的质量。这样

$$F = mg = \lambda xg$$

这里我们犯了一个原则性错误，**利用牛顿第二定律解题的前提条件是所选的研究对象的质量必须是不变量，**关于这一点，在问题2的分析解答过程中已经有了明确的结论。也就是说，我们应该选全部链条整体为研究对象，而不应该选其中的一部分。

正确的做法是：选全部链条整体为研究对象，该链条受向上的拉力作用，大小为F，地面对整个链条的支持力的大小为F_N，被提起部分链条所受重力的大小为λxg，地面上链条所受重力的大小为$\lambda(l-x)g$，由于该部分链条所受重力与所受地面的支持力抵消，所以在如图坐标系中，根据牛顿第二定律分量式，应有

$$F - \lambda xg = \frac{\mathrm{d}p}{\mathrm{d}t}$$

这里的p是指全部链条的总动量，由于地面上的链条不动，所以$p=\lambda xv$，而

$$\mathrm{d}p/\mathrm{d}t = \lambda v\mathrm{d}x/\mathrm{d}t = \lambda v^2$$

这样

$$F = \lambda v^2 + \lambda xg$$

但在这种做法中，一个不可忽略的事实是，我们是把链条整体视为一个质点模型，并且用牛顿第二定律的原始形式$\boldsymbol{F}=\mathrm{d}\boldsymbol{p}/\mathrm{d}t$求解。如果你不适应这种做法，还可以把全部链条视为一个质点系统（简称质点系），它分别由被提起部分的链条和地面上的链条两部分组成，对于该质点系，其整体运动的趋势和特征可由一个特殊点的运动反映出来，这个点便是质心。它运动的动力学规律可由质心运动定理$\boldsymbol{F}=m\boldsymbol{a}_C$给出（相关信息可参阅主教材第三章第三节），这里的$\boldsymbol{F}$指质点系所受的合外力，而$\boldsymbol{a}_C$则是指质心的加速度。利用质心运动定理也可求解本问题。另外，我们还将在第三章的问题讨论部分，用另外一种方法求解这个问题，届时，有兴趣的读者可自行比较这三种做法的优劣。

问题4：自转的地球是一个很好的惯性系，你能通过估算得出结论吗？

提示：以转动的地球为参考系，只要估算出地表附近的物体所受的惯性离心力并与物体重力相比较，即可得出结论。计算表明，惯性离心力仅为物体自身重力的0.34%。

分析解答：其实，看一个转动系统是否能被近似认为是惯性系，主要是判断在该转动系统中，惯性离心力对一个物体所受合外力影响的大小，或者说比较惯性离心力与物体自身重力的大小。对于自转的地球而言，一个质量为 m 的物体，所受重力的大小为 mg，由于惯性离心力的大小为 $m\omega^2r$，可见，在地球赤道处的物体所受的惯性离心力最大，由于地球的自转角速度 $\omega=2\pi/T=(6.28/24\times3600)\mathrm{s}^{-1}$，地球的半径（物体绕地轴作圆周运动的半径）$r=6.37\times10^6\mathrm{m}$。这样，物体受到的最大离心力与物体自身重力之比为 $\omega^2r/g=0.00343$，亦即在赤道处的离心力仅占物体自身重力的0.34%，于是可以认为地球是很好的惯性参考系。

太阳的最短自转周期为25天，太阳表面的重力加速度为 $274.8\mathrm{m}\cdot\mathrm{s}^{-2}$，用上述同样的办法也可以估算以太阳作为惯性参考系的近似程度，进而量化比较作为惯性参考系，太阳和地球哪个的近似程度更高？

填空题及答案

1. 沿水平方向的外力 $\boldsymbol{F}$ 将物体A压在竖直墙上，由于物体与墙之间有摩擦力，此时物体保持静止，并设其所受静摩擦力大小为 F_0，若外力增至 $2\boldsymbol{F}$，则此时物体所受静摩擦力的大小为 $\underline{F_0}$。

2. 质量相等的两物体A和B分别固定在弹簧的两端，竖直放在光滑水平支持面C上，如图2.3所示。弹簧的质量与物体A、B的质量相比，可以忽略不计。若把支持面C迅速移走，则在移开的一瞬间，A的加速度大小 $a_A=\underline{0}$，B的加速度的大小 $a_B=\underline{2g}$。

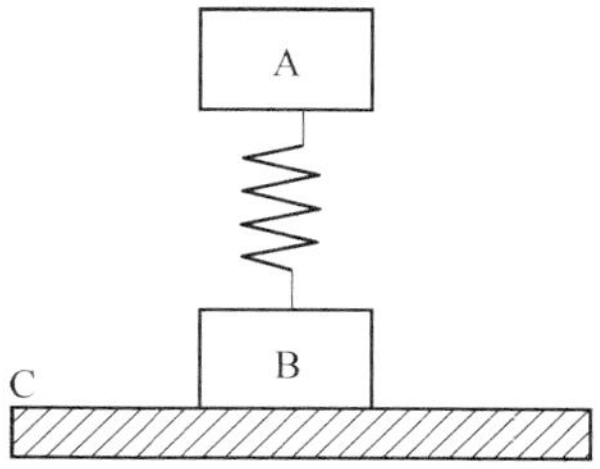

图 2.3

思考与练习解答

1. 力是维持物体运动的原因吗？作用力和反作用力有什么特点？一枚鸡蛋碰到石头上，鸡蛋碎了，是因为鸡蛋受到的力更大一些吗？

分析解答：亚里士多德所认为的物体的自然状态是静止的，以及在下落的物体中，重物快，轻物慢等许多看似符合人们日常经验的结论，长期以来影响并禁锢着人们的自然观。而伽利略的理想性实验中所蕴含的极其丰富的思想内涵，直接催生了牛顿第一定律（惯性定律）。该定律指出：一切物体都将保持静止或匀速直线运动状态，它是物体本身的固有属性，外界的作用（力）是使这种状态改变的原因或动力，而不是维持这种状态的原因。作用力与反作用力具有等值性、相互性、同时性、同性质。正因为作用力与反作用力的上述性质，鸡蛋与石头相碰（相互作用）时，各自所受的力的大小应该是相等的，鸡蛋碎了，是因为鸡蛋的构成决定了它无法承受这个哪怕是很小的力，并不是因为相互作用的物体中的哪一个所受的力更大或更小。

2. 当物体所受到的合外力为零时，一定处于静止状态吗？为什么？

分析解答：物体所受的合外力为零与物体不受外力不是同一问题，但就其外在的效果而言是相同的，即物体还将保持原有的运动状态，即静止或匀速直线运动状态，也就是说，只要物体所受的合外力为零，如果物体原来静止的，它还会保持静止状态；同样，如果物体原来是作匀速直线运动，它仍将保持匀速直线运动状态。

3. 一人站在电梯中的磅秤上，在什么情况下，他的视重为零？在什么情况下他的视重大于他在地面上的体重？

分析解答：磅秤的视重只是它感受到人体对它的压力，只有人静止在磅秤上，以人为研究对象，人所受的重力和称的载物台对人的支撑力才相等，根据牛顿第三定律，磅秤所受压力在数值上等于人体的重力，此时磅秤显示的才是人的真实体重。

当电梯加速下降时，以竖直向下为正方向，依据牛顿第二定律，得

$$mg - F_N = ma$$

人受到载物台的支撑力为

$$F_N = mg - ma = m(g - a)$$

根据牛顿第三定律，磅秤载物台受到人的压力大小，即磅秤视重，在数值上也等于 $m(g-a)$，小于人的体重。由此还可看出，当电梯下降的加速度等于重力加速度，即 $a=g$ 时，$F_N=0$，磅秤的视重为零。

当电梯加速上升时，仍以人为研究对象，竖直向上为正方向，由牛顿第二定律，得

$$F_N - mg = ma$$

人受到载物台的支撑力为

$$F_N = mg + ma = m(g + a)$$

根据牛顿第三定律，磅秤载物台受到压力大小，即磅秤的视重，在数值上也等于 $m(g+a)$，大于人的体重。

4. 有人认为，牛顿第一定律是牛顿第二定律的特例，即合外力为零的情形。因此，牛顿第一定律可以不必单独存在。你认为如何？

分析解答：物体不受外力与物体所受的合外力为零不是同一问题，虽然在这

两种情况下物体的外在表现一致，但处于基础地位的牛顿第一定律仍是不可替代的，没有牛顿第一定律所给出的惯性的概念，以及力的定义和惯性参考系的定义作为支撑，牛顿第二定律便是空中楼阁。就是说，在牛顿第一定律的基础上，牛顿第二定律进一步用量化手段回答了当物体受到外力作用时，物体的运动状态是如何改变的。

包括牛顿第三定律在内，这三个定律是完整的统一体，不可分割，也不可能相互替代。第一定律是基础，第二定律是核心，第三定律是对第一、第二定律的有机补充。

5. 在公路转弯处，你会发现总是外侧路面偏高，而且弯越急，公路内外侧高度差越大，原因何在？（**分析解答略**）

若干年前，媒体曾有报道：某地公路转弯处的一户民居，不止一次在夜间被货车光顾，房屋多次受损。后经专业机构勘察，给出解决方案，此后再没发生类似事件。原因何在？

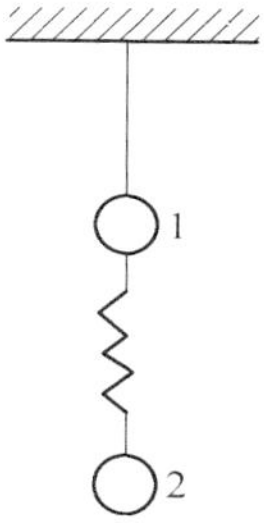

图　2.4

6. 两个质量相等的小球由一轻弹簧连接，现用一细绳悬挂于顶棚上，处于静止状态，如图 2.4（主教材图 2.18）所示。问，在将绳子剪断的瞬间，球 1 和球 2 的加速度分别是多少？

分析解答：对两个小球分别进行受力分析，取向下为坐标轴正方向，如图 2.5 所示。因两个小球质量相等，即 $m_1=m_2=m$，依据牛顿第二定律，在绳子没剪断前，

对小球 1：　$mg+F'_{T1}-F_{T1}=0$　（1）

对小球 2：　$mg-F'_{T2}=0$　（2）

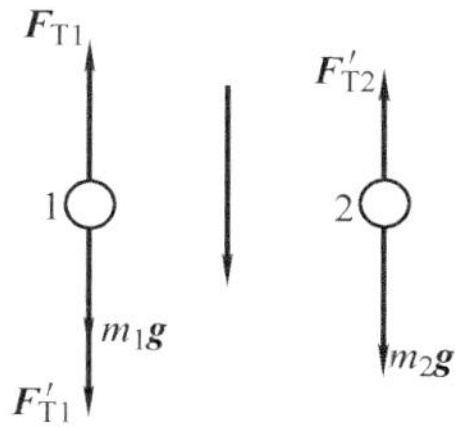

图　2.5

依据牛顿第三定律，应有 $F'_{T1}=F'_{T2}$，由式（2）得

$$F'_{T2}=F'_{T1}=mg$$

代入式（1）得

$$2mg-F_{T1}=0 \quad (3)$$

在绳子剪断的瞬间，对小球 1 而言，所受力的平衡被打破，因 $F_{T1}=0$，式（3）变为

$$2mg=ma_1$$

即

$$a_1=2g$$

此时，对小球 2，力的平衡关系在这一瞬间还在维持，即式（2）的关系依然成立，所以，小球 2 的加速度 $a_2=0$。

7. 质量为 m 的小球用轻绳 AB、BC 连接，如图 2.6（主教材图 2.19）所示。试求剪断绳子前后的瞬间，绳 BC 中张力之比。

分析解答：求解之前，有必要在坐标系的选择问题上提醒读者：虽然我们经常讲，坐标系的选取是任意的，但还不应该忽视一个前提，那就是**以处理问题方**

便为原则。就本题而言，选择直角坐标系（例如以水平方向为 x 轴和竖直方向为 y 轴的二维直角坐标系），将会很难求解，因为在绳子剪断后，这两个方向上，都因力的平衡被打破而产生加速度。转而我们会想到：因剪断 A、B 两点间的绳子之后，小球要作圆周运动，所以，选择自然坐标系会更方便求解。

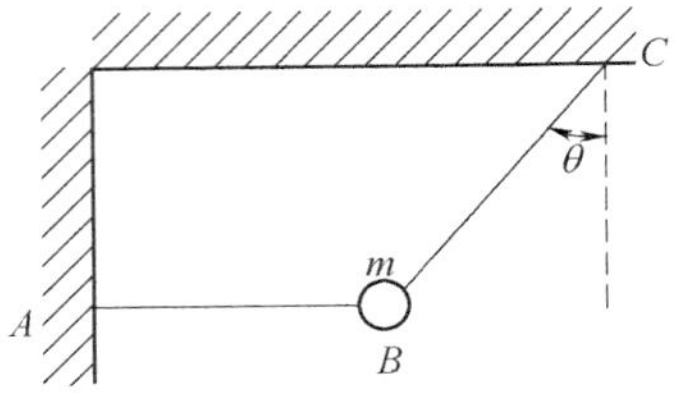

图 2.6

对小球进行受力分析，如图 2.7 所示。在绳子剪断前，AB 段绳子对小球的拉力为 $\boldsymbol{F}$，BC 段绳子对小球的拉力为 $\boldsymbol{F}_{T1}$。由力的平衡条件有

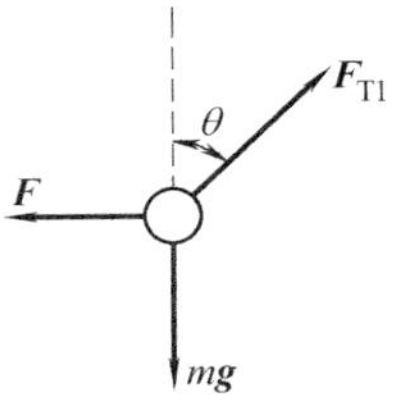

图 2.7

$$F_{T1}\cos\theta = mg \tag{1}$$

绳子剪断后，AB 段绳子的拉力消失，$\boldsymbol{F}=\boldsymbol{0}$，小球将作圆周运动，初速度为零，因而小球的法向加速度为零，设此刻 BC 段绳子对小球的拉力为 $\boldsymbol{F}_{T2}$，则

$$F_{T2} - mg\cos\theta = ma_n = 0 \tag{2}$$

由式（1）、式（2）解得

$$\frac{F_{T1}}{F_{T2}} = \frac{1}{\cos^2\theta}$$

8. 如图 2.8（主教材图 2.20）所示，将质量为 10kg 的小球挂在倾角为 $\alpha=30°$的光滑斜面上。当斜面以加速度 $a=g$ 沿水平方向向右运动时，绳中的张力及小球对斜面的正压力为多大？（g 为重力加速度）

分析解答：以地面为参考系，对小球进行受力分析，并建立如图 2.9 所示坐标系，由牛顿第二定律分量式，可得

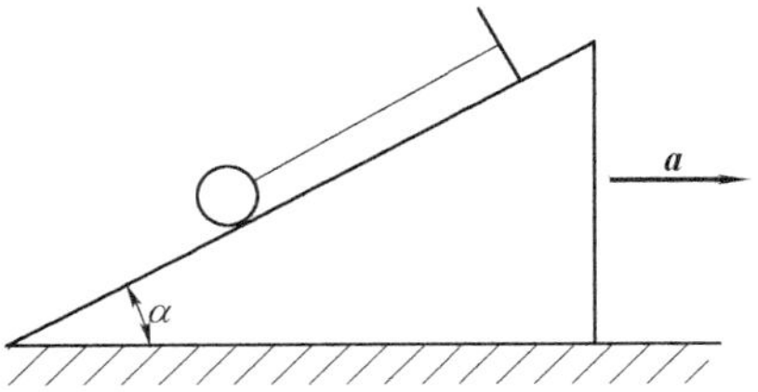

图 2.8

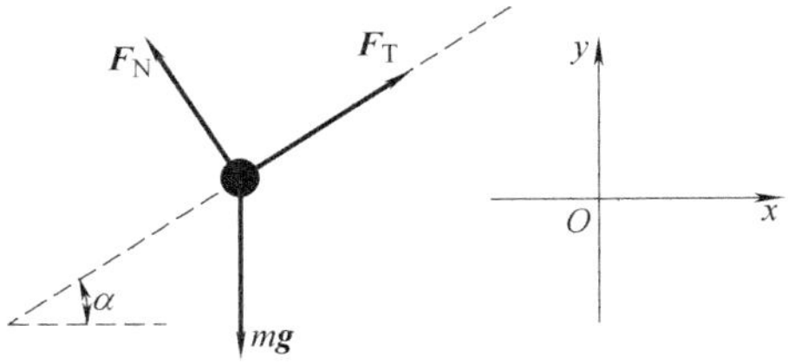

图 2.9

$$F_T\cos\alpha - F_N\sin\alpha = ma \tag{1}$$

$$F_N\cos\alpha + F_T\sin\alpha - mg = 0 \tag{2}$$

请先不要急着求解，因为用常见的代入法求解，这个二元一次方程会很难求出结果的。转念一想，由于式中的未知量 F_T、F_N 总是与角 α 的正弦或余弦以乘积的形式出现，那么，在求解时，我们在等式两端同时乘以 $\sin\alpha$ 或 $\cos\alpha$，不就

可以方便快捷地得出答案了吗？其结果是

$$F_T = m(g\sin\alpha + a\cos\alpha) = 77.3\text{N}$$

$$F_N = m(g\cos\alpha - a\sin\alpha) = 68.5\text{N}$$

如果取坐标系的 x 轴沿斜面，而 y 轴垂直于斜面，这样，由于 $\boldsymbol{F}_T$、$\boldsymbol{F}_N$ 的方向都沿坐标轴方向，列出方程后，便可以直接求解了，不过，必须将加速度沿坐标轴方向分解。请你尝试用这种做法求解本题。

另外，你还可以选加速运动的斜面为参考系（非惯性系），这时，要考虑"惯性力"即 $\boldsymbol{F}_i = -m\boldsymbol{a}$ 的存在，它的大小为 $F_i = ma$，方向与加速度方向相反（沿水平方向向左）。选坐标系的 x 轴方向沿斜面向上，而 y 轴方向垂直于斜面向上。这样，牛顿第二定律分量式方程的原始形式应该是

$$F_T - mg\sin\alpha - ma\cos\alpha = 0$$

$$F_N - mg\cos\alpha + ma\sin\alpha = 0$$

显然，所得结果与前面两种做法所得结果一致。从中可以看出，选择非惯性系往往更方便求解。

9. 一质量为 m 的物体在力 $F = kt^2$ 的作用下，由静止开始沿直线运动。试求物体的运动学方程。

分析解答：这是一维运动的变力问题，而且力随时间变量变化，是变力问题中最简单的情形。依据牛顿第二定律，得

$$kt^2 = m\frac{\mathrm{d}v}{\mathrm{d}t}$$

考虑到速度的初始条件，应有

$$\int_0^v \mathrm{d}v = \int_0^t \frac{k}{m}t^2\mathrm{d}t$$

积分得

$$v = \frac{kt^3}{3m}$$

再利用速度定义，可得

$$\mathrm{d}x = \frac{kt^3}{3m}\mathrm{d}t$$

设质点初始时刻的位置坐标为 x_0，则

$$\int_{x_0}^x \mathrm{d}x = \int_0^t \frac{kt^3}{3m}\mathrm{d}t$$

对等式两端积分并整理，得 $x = x_0 + \dfrac{kt^4}{12m}$

10. 已知一质量为 m 的质点在 x 轴上运动，质点只受到指向原点的引力作用，引力大小与质点离原点的距离 x 的二次方成反比，即 $F = -k/x^2$，k 是比例常数。设质点在 $x = A$ 时的速度为零，求质点运动至 $x = A/4$ 处的速度的大小。

分析解答：这是一维运动的变力问题，求解时一定要用到分式变换。依据牛

顿第二定律，应有下式成立

$$-\frac{k}{x^2}=m\frac{\mathrm{d}v}{\mathrm{d}t}=m\frac{\mathrm{d}v}{\mathrm{d}x}\frac{\mathrm{d}x}{\mathrm{d}t}=mv\frac{\mathrm{d}v}{\mathrm{d}x}$$

考虑到速度和位置的初始值，则 $\int_0^v v\mathrm{d}v=-\frac{k}{m}\int_A^{\frac{A}{4}}x^{-2}\mathrm{d}x$

等式两端积分，得 $\frac{1}{2}v^2=\frac{k}{m}\left(\frac{4}{A}-\frac{1}{A}\right)$

整理得 $v=\sqrt{\frac{6k}{mA}}$

11. 质量为 m 的物体在空中某处由静止开始下落，物体受到的空气阻力与速率成正比，即空气阻力大小 $F=kv$，k 是比例常量，求物体运动随时间变化的规律。

分析解答：设速度方向为正方向，物体受重力和空气阻力作用，依据牛顿第二定律，应有下式成立

$$mg-kv=m\frac{\mathrm{d}v}{\mathrm{d}t}$$

由于初始时刻物体是静止的，所以

$$\int_0^v\frac{\mathrm{d}v}{mg-kv}=\frac{1}{m}\int_0^t\mathrm{d}t\to-\frac{1}{k}\int_0^v\frac{\mathrm{d}(mg-kv)}{mg-kv}=\frac{1}{m}\int_0^t\mathrm{d}t$$

等式两端积分，得 $\ln\frac{mg-kv}{mg}=-\frac{kt}{m}$

去对数并整理，得 $v=\frac{mg}{k}\left(1-\mathrm{e}^{-\frac{kt}{m}}\right)\quad(\mathrm{m\cdot s^{-1}})$

12. 质量为0.25kg的质点，受力 $\boldsymbol{F}=t\boldsymbol{i}$（SI）的作用，式中 t 为时间。$t=0$ 时，该质点以 $\boldsymbol{v}_0=2\boldsymbol{j}$（SI）的速度通过坐标原点，则该质点任意时刻的速度和位置矢量分别是多少？

分析解答：这是二维直角坐标系下的变力问题，在求解过程中，要特别注意矢量的积分运算。由于质点所受的力随时间变化，可依据牛顿第二定律的原始表达式直接求解速度，也可以依据 $\boldsymbol{F}=m\boldsymbol{a}$，先求加速度，再由加速度定义，通过积分求速度，最后由速度定义，通过积分求位置矢量。显然，前者稍简单些。

将 $\boldsymbol{F}=\mathrm{d}(m\boldsymbol{v})/\mathrm{d}t$ 的两端同乘 $\mathrm{d}t$，并考虑速度的初始条件，得到

$$\int_{m\boldsymbol{v}_0}^{m\boldsymbol{v}}\mathrm{d}(m\boldsymbol{v})=\int_0^t\boldsymbol{F}\mathrm{d}t=\int_0^t t\boldsymbol{i}\mathrm{d}t$$

积分并整理，得 $\boldsymbol{v}=\frac{t^2}{2m}\boldsymbol{i}+\boldsymbol{v}_0=2t^2\boldsymbol{i}+2\boldsymbol{j}\quad(\mathrm{SI})$

再由 $\boldsymbol{v}=\mathrm{d}\boldsymbol{r}/\mathrm{d}t$，很容易得到 $\boldsymbol{r}=\frac{2}{3}t^3\boldsymbol{i}+2t\boldsymbol{j}$

如果你不太适应上述的矢量积分运算，还可以将 $\boldsymbol{F}=t\boldsymbol{i}$ 和 $\boldsymbol{v}_0=2\boldsymbol{j}$ 写成分量式，再用各相关分量式计算 v_x、v_y 和 x、y，最后再将速度和位矢写成该直角坐标系下的矢量式形式。这里略作介绍：$v_{0x}=0;v_{0y}=2,F_x=t;F_y=0\to a_x=t/m;$ $a_y=0\to v_x=v_{0x}+\int_0^t\frac{t}{m}\mathrm{d}t\to v_x=\frac{t^2}{2m}=2t^2;v_y=v_{0y}=2\to x=\int_0^t 2t^2\mathrm{d}t=\frac{2}{3}t^3;$ $y=v_yt=2t$

13. 一质量为1kg的物体，置于水平地面上，物体与地面之间的静摩擦因数 $\mu_0=0.20$，动摩擦因数 $\mu=0.16$，现对物体施一水平拉力 $F=t+0.96$（SI），求2s末物体的速度大小。

分析解答：因物体与地面的最大静摩擦力为 $F_0=\mu_0mg=1.96\mathrm{N}$，而 $t=0$ 时，物体所受的拉力仅为 $F=t+0.96=0.96\mathrm{N}$，没有拉动物体。要拉动物体，拉力的大小至少要增至与最大静摩擦力相等，即

$$t+0.96=1.96\to t=1\mathrm{s}$$

也就是 $t=1\mathrm{s}$ 时，物体开始运动，运动起来以后，物体将同时受到拉力和地面给予的滑动摩擦力，仍然取运动方向为正方向，依据牛顿第二定律，应有

$$F-F_f=m\frac{\mathrm{d}v}{\mathrm{d}t}$$

即

$$t+0.96-0.16\times1\times9.8=\frac{\mathrm{d}v}{\mathrm{d}t}\to\int_0^v\mathrm{d}v=\int_1^2(t-0.608)\mathrm{d}t$$

解得

$$v=0.892\mathrm{m\cdot s^{-1}}$$

14. 如图2.10（主教材图2.21）所示，轻绳一端固定于 O 点，另一端系一质量为 m 的小球，在竖直面内绕 O 点作半径为 l 的圆周运动，已知小球在最低点速率为 v_0。求：（1）绳与竖直方向夹角为 θ 时，小球的速率和绳中张力；（2）时小球刚好能作完整的圆周运动时的 v_0 值。

分析解答：关于（1）中所问，请参看主教材的本章例2.4。

（2）若使小球刚好能作完整的圆周运动，必须满足在小球运动到最高点时，小球所受最小法向合外力与小球在该点的最小速度之间满足

$$mg=m\frac{v^2}{l}\tag{1}$$

而由例2.4中的求解结果知道，小球在任意位置的速度与转角 θ 之间的关系为

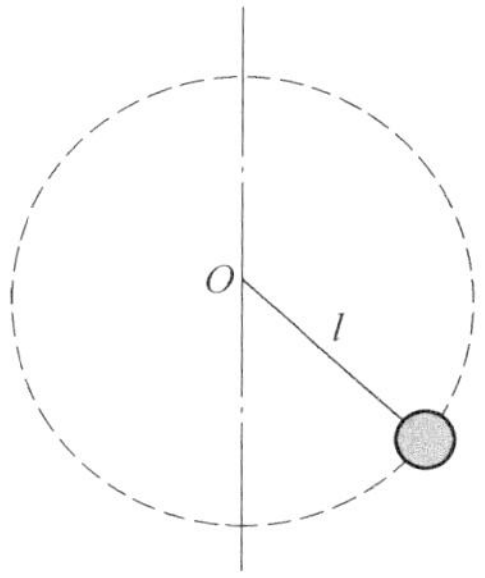

图　2.10

$$v^2=v_0^2+2gl(\cos\theta-1)\tag{2}$$

转到最高点时，$\theta=\pi$，此刻，$v^2=v_0^2-4gl$，代入式（1）便可求出 v_0

$$v_0 = \sqrt{5gl}$$

15. 雨滴在重力场中下落。下落过程中，水蒸气不断向雨滴凝结。视雨滴为球形，其质量增加率 $\mathrm{d}m/\mathrm{d}t$ 正比于它的表面积。设开始时雨滴半径近似为零，试求雨滴下落的速度和加速度。

分析解答：这是和日常生活很贴近的一道题目。雨滴的形成过程很复杂，本题中，已经忽略了在雨滴凝结和下落过程中所受空气的阻力以及定向气流对雨滴的作用，而这种作用通常又很明显地影响雨滴的下落。所以，本题所抽象的模型是一种理想化状况，尽管这样，在它的求解过程中我们还是会收获很多，尤其是可以加深对牛顿第二定律的理解和认识。

设雨滴在任意时刻的半径为 r，则雨滴的质量

$$m = \frac{4\pi r^3\rho}{3} = k_1 r^3$$

结合题中所给的已知条件，有

$$\frac{\mathrm{d}m}{\mathrm{d}t} = 3k_1 r^2 \frac{\mathrm{d}r}{\mathrm{d}t} = k_2 4\pi r^2$$

即

$$\frac{\mathrm{d}r}{\mathrm{d}t} = \frac{4\pi k_2}{3k_1} = k_3 \rightarrow \int_0^r \mathrm{d}r = \int_0^t k_3 \mathrm{d}t$$

解得

$$r = k_3 t$$

这样，雨滴在任一时刻的质量就可以表示为

$$m = k_1 r^3 = k_1 k_3^3 t^3 = kt^3$$

以地面为参考系，把雨滴和它下落过程中所要凝结的水蒸气作为研究对象，**以确保研究对象的质量不变**（否则，不适用牛顿第二定律）。并设雨滴和水蒸气的总质量为 m_0，但考虑到水蒸气相对地面的速度为零，所以，它的动量也为零。不考虑雨滴所受的空气阻力，而水蒸气部分所受到的重力和空气的浮力又相互抵消（类似本章问题讨论 3 中地面上链条受力情况），雨滴和水蒸气所受的合外力为 mg。依据牛顿第二定律，有

$$mg = \frac{\mathrm{d}(m_0 v)}{\mathrm{d}t} = \frac{\mathrm{d}(mv)}{\mathrm{d}t} \rightarrow \frac{\mathrm{d}(kt^3 v)}{\mathrm{d}t} = kt^3 g$$

设 $u = kt^3 v$，则

$$\int_0^u \mathrm{d}u = \int_0^t kt^3 g \mathrm{d}t$$

解得

$$u = \frac{1}{4}kt^4 g \rightarrow kt^3 v = \frac{1}{4}kt^4 g$$

这样，即可求得雨滴在任一时刻下落的速度 v 和加速度 a，即

$$v = \frac{1}{4}gt, \quad a = \frac{\mathrm{d}v}{\mathrm{d}t} = \frac{1}{4}g$$

第三章　动量守恒定律和能量守恒定律

本章知识体系结构图

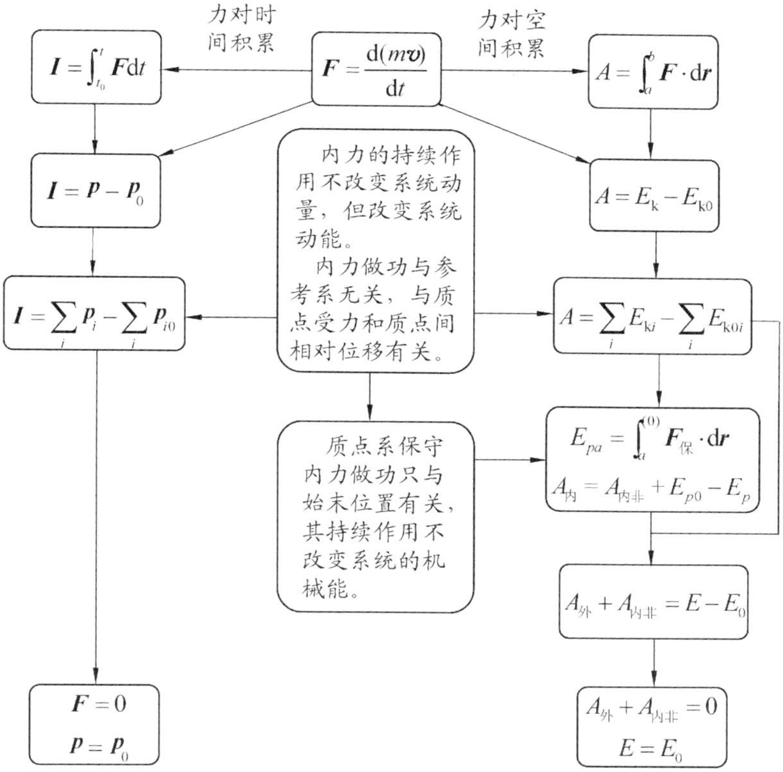

在前一章，围绕牛顿运动定律所讨论的动力学问题有两大特点：其一，研究对象必须是质点。如果研究对象不能抽象成质点模型，我们研究问题的手段和处理方法就显得捉襟见肘了；其二，求解的物理量都是瞬时量。对于在持续的空间和时间间隔内的物理过程，我们并没有给予关注，当然，力的持续作用效果也就无从知晓了。因此，对于多个质点组成的质点系统，以及在力的持续作用下所产生的作用效果，便是我们在本章要讨论的话题，正如本章知识体系结构图所示。这些理论体系的建立是以牛顿运动定律为基础，通过恰当的演绎而得出的。它的出现，使我们观察物理世界的视野更加开阔，处理质点和质点系动力学问题的起点更高。

主要问题的分类及对策

本章我们所面临的问题来自两个方面：一是力对时间的积累和力对空间的积累问题；二是在外力作用下，质点系内部质量流动的相关动力学规律（未列入本章知识体系结构图）。在具体问题的处理上可归结为三类：

第一类，变力冲量和变力功的计算。这是本章的难点问题。

（1）变力的冲量　由于冲量是矢量，而矢量式一般不能作直接运算，所以在计算中首先要建立适当的坐标系，对冲量的各方向分量进行代数运算。例如，在直角坐标系下

$$I_x = \int_0^t F_x \mathrm{d}t,\ I_y = \int_0^t F_y \mathrm{d}t,\ I_z = \int_0^t F_z \mathrm{d}t$$

如果遇到的力不随时间变化，则要根据题中所提供的已知条件中的相关线索，统一变量，之后进行积分运算。

（2）变力的功　依据功的定义，可以按下式计算变力所做的功：

$$A = \int_a^b \boldsymbol{F} \cdot \mathrm{d}\boldsymbol{r} = \int_a^b |\boldsymbol{F}||\mathrm{d}\boldsymbol{r}| \cos\theta$$

不过，由于式中可能存在多个变量，同时又必须保证 $|\boldsymbol{F}||\mathrm{d}\boldsymbol{r}|$ 大于零，这样，在具体统一变量时就显得很麻烦，一般不建议使用。如果建立适当的坐标系，将 $\boldsymbol{F} \cdot \mathrm{d}\boldsymbol{r}$ 在坐标系下展开，会使问题大大简化。常用的有直角坐标系和自然坐标系，相应地，功就可以表示成下面两种形式：

直角坐标系下　$$A = \int_a^b \boldsymbol{F} \cdot \mathrm{d}\boldsymbol{r} = \int_{x_a}^{x_b} F_x \mathrm{d}x + \int_{y_a}^{y_b} F_y \mathrm{d}y + \int_{z_a}^{z_b} F_z \mathrm{d}z \tag{1}$$

自然坐标系下　$$A = \int_a^b \boldsymbol{F} \cdot \mathrm{d}\boldsymbol{r} = \int_{s_a}^{s_b} F_\tau \mathrm{d}s \tag{2}$$

注：因为式（1）中的 F_x、F_y、F_z 和 x、y、z 都是代数量，当然计算更为简便。另外，因为法向力与位移始终相互垂直，所以在式（2）中只有切向力做功。这样，$\int_a^b \boldsymbol{F} \cdot \mathrm{d}\boldsymbol{r} = \int_{s_a}^{s_b} F_\tau \mathrm{d}s$，可以将其与 $\int_{x_a}^{x_b} F_x \mathrm{d}x$ 类比。

第二类，动量定理、动能定理、功能原理的应用。

因为这些定理将过程量（冲量和功）与状态量（动量和动能以及机械能）有机地联系在一起，即：可以用状态量的变化量替代过程量，所以应用这些定理处理质点、质点系的动力学问题就显得容易得多。特别是，当系统所受合外力为零时，可直接用动量守恒定律求解；而当系统外力与非保守内力做功的代数和为零时，可直接用机械能守恒定律求解某一物理量。

第三类，质点系内部的质量流动问题。

这是大学物理学习阶段的一大难点问题。当然可以将质点系统视为“质点”，借助牛顿第二定律原始形式 $\boldsymbol{F}=\mathrm{d}(m\boldsymbol{v})/\mathrm{d}t$ 求解，但这种处理方法弊端也是很明显的，因为系统内部质量的流动使求解过程复杂繁琐。一般地，这类问题的处理方法有两种：一是根据质心定义和质心运动定理求解整个系统的运动趋势或运动状态，再选择质心坐标系，具体求解系统内部某一部分质点的运动状态；二是根据变质量问题的动力学方程，选取系统内某一部分质点为研究对象（主体），根据方程直接求解某一物理量。

理性解读：**质心定义和质心运动定理的出现，以及经典力学变质量问题动力学方程的成功获得，为我们解决质点系统内部的质量流动问题提供了清晰的物理图像，明确指出了解决这类问题的路线图。**

温馨提示：**正是因为状态量的计算比过程量的计算方便快捷，所以，在以后的学习中，一旦问题中满足某种物理量的守恒条件，或遇到某些定理中把状态量和过程量联系在一起，那么，在解决具体问题时，一定优先予以考虑。其优先选择的顺序是：相关的守恒规律⟶相关的定理、定律⟶所求物理量的定义式。关于这一点，在下面的问题讨论和思考与练习解答中会明确体现出来，请悉心体会。**

问题讨论

问题 1：尝试用质心运动定理或变质量系动力学方程再次求解第二章问题讨论中的问题 3。

分析解答：常见的提链、落链、漏斗漏砂、雨滴下落等问题都是典型的经典力学变质量问题，即：系统内部子系统间质量流动问题，正如在第二章问题讨论 3 中所强调的，**如果用牛顿定律求解，一定要选全部质点系作为研究对象，以确保满足质量不变。**

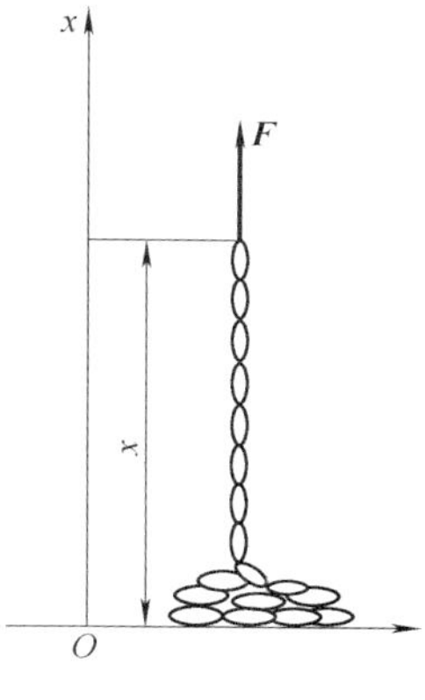

图　3.1

解法一：取全部链条为研究对象，由于地上链条总是围绕提起部分的链条为中心堆放，所以在提链条过程中，链条在水平方向的质心位置不发生变化，竖直方向上，设堆在地上的链条高度不予考虑，全部链条的总质量为 m_0，如图 3.1（主教材图 2.17）所示。在任意位置 x'处，取质量为 $\mathrm{d}m$ 的质元，则链条在该状态下的质心位置为

$$x_C=\frac{\int_0^x x'\mathrm{d}m}{m_0}=\frac{\int_0^x x'\lambda\mathrm{d}x'}{m_0}=\frac{\lambda x^2}{2m_0}$$

所以，全部链条的质心速度为

$$v_C = \frac{\mathrm{d}x_C}{\mathrm{d}t} = \frac{2\lambda x}{2m_0}\frac{\mathrm{d}x}{\mathrm{d}t} = \frac{\lambda vx}{m_0}$$

质心的加速度为

$$a_C = \frac{\mathrm{d}v_C}{\mathrm{d}t} = \frac{\lambda v}{m_0}\frac{\mathrm{d}x}{\mathrm{d}t} = \frac{\lambda}{m_0}v^2$$

全部链条所受合外力为 $F-\lambda xg$（第二章问题讨论 3 中已经分析过），由质心运动定理

$$F - \lambda xg = m_0 a_C$$

将 a_C 代入并整理，得

$$F = \lambda xg + \lambda v^2$$

解法二：选被提起的链条为研究对象——主体质量时刻在变化，在如图坐标系中，依据变质量系统的动力学方程

$$F_x + u_x\frac{\mathrm{d}m}{\mathrm{d}t} = m\frac{\mathrm{d}v_x}{\mathrm{d}t}$$

式中，$F_x = F - mg = F - \lambda xg$ 是研究对象（主体）所受的合外力；m 是主体质量；质量交换部分（堆在地面部分，即将要被拉起的那部分链条）相对于主体的速度为 $u_x = -v$；v_x 是主体的速度。$\mathrm{d}v_x/\mathrm{d}t = 0$ 是主体的加速度。这样，只需把各物理量对号入座，即可以方便快捷地求出手提力的大小。经整理

$$F = \lambda xg - u_x\frac{\mathrm{d}m}{\mathrm{d}t} = \lambda xg + v\frac{\mathrm{d}(\lambda x)}{\mathrm{d}t} = \lambda xg + \lambda v^2$$

比较包括第二章问题讨论 3 对本题的三种求解方法，哪一种方法更适合你？其实，由变质量动力学方程

$$\boldsymbol{F} + \boldsymbol{u}\frac{\mathrm{d}m}{\mathrm{d}t} = m\frac{\mathrm{d}\boldsymbol{v}}{\mathrm{d}t} \tag{1}$$

求解这类问题是最直接、最有效的解决办法。从主教材中关于主体的动力学方程推导过程（43－44 页）已经看出，它依据的是牛顿第二定律原始表达式（也叫牛顿第二定律微分式），我们“将整个火箭系统包括即将喷出的气体看做一个质点系”，即研究对象的质量是不变的，这是我们应用牛顿第二定律的大前提。式中，$\boldsymbol{F}$ 为 t 时刻火箭主体所受到的外力，$\boldsymbol{v}$ 为主体的速度，$\boldsymbol{u}$ 为流动部分（喷出的气体）相对主体的速度，m 为主体质量，$\boldsymbol{u}\frac{\mathrm{d}m}{\mathrm{d}t}$为此刻主体受到的因质量流动而获得的反推力。借用主教材中说过的一段话：“实际上，**上述演绎过程是以质量不变的大系统为研究对象，转而得出适合变质量子系统动力学规律。所以，在处理实际问题时就可以直接选择系统中质量变化的某一子系统，大大简化求解过程。**”

很多读者，包括有些教辅书籍的作者，在处理这类问题时，经常误将$\boldsymbol{F}=\mathrm{d}(m\boldsymbol{v})/\mathrm{d}t$直接改写成

$$\boldsymbol{F}=m\frac{\mathrm{d}\boldsymbol{v}}{\mathrm{d}t}+\boldsymbol{v}\frac{\mathrm{d}m}{\mathrm{d}t} \tag{2}$$

用以求解变质量问题。这里，他们直接以质点系中的一部分（变质量部分）为研究对象，有时也“碰巧”能得到正确结果，比如前面我们讨论过的提链问题和第二章的雨滴下落问题，这是为什么？巧又巧在哪里呢？

将变质量动力学方程式（1）改写成

$$\boldsymbol{F}=m\frac{\mathrm{d}\boldsymbol{v}}{\mathrm{d}t}-\boldsymbol{u}\frac{\mathrm{d}m}{\mathrm{d}t} \tag{3}$$

经对比，可以看出，式（2）和式（3）中只有等式右端第二项不同，如果以运动方向为正方向，只有主体运动速度v与质量交换部分相对主体速度u之间存在$v=-u$，**即，主体以速度$\boldsymbol{v}$相对惯性系运动，而参与质量交换那部分质点相对该惯性系静止，式（2）和式（3）才是等价的。**这就是为什么在求解落链、雨滴下落等问题时，用式（2）求解能得出与用式（3）求解碰巧一样的结果的原因所在。如果质量交换那部分质点是**主动进入或离开主体**，即$v\neq-u$，那么，无论如何也没办法造成这样的巧合。说到底，盲目理解经典的变质量问题，以式（2）为依据求解，违背了经典力学中质量是不变量的前提条件，自然，碰壁和穿帮是在所难免的。

问题 2：系统内力总是成对出现的，为什么在计算系统内力做功时只求一个力所做的功？

分析解答：本问题主教材中已有叙述，鉴于很多学生对内力做功特点持有疑虑，并考虑到该问题涉及物理本质，所以，在这里将主教材的原文摘录如下：

“以两个质点组成的系统为例，$\boldsymbol{f}_{12}$，$\boldsymbol{f}_{21}$分别是两个质点的相互作用内力，$\boldsymbol{r}_1$、$\boldsymbol{r}_2$分别是两个质点相对某一参考系中原点O的位矢，如图3.2（主教材图3.11）所示。这一对内力所做的元功为

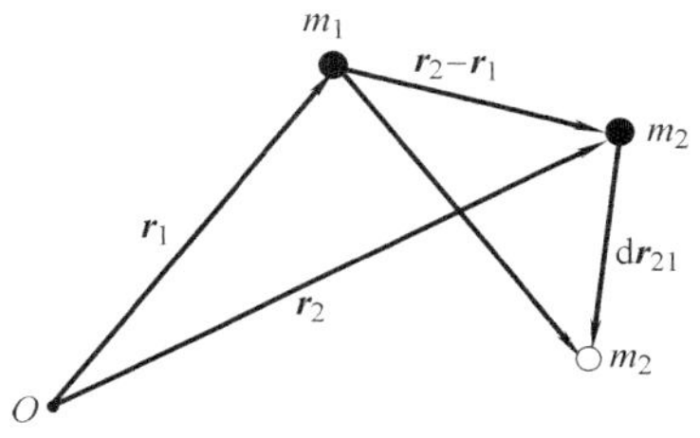

图　3.2

$$\mathrm{d}A=\boldsymbol{f}_{12}\cdot\mathrm{d}\boldsymbol{r}_1+\boldsymbol{f}_{21}\cdot\mathrm{d}\boldsymbol{r}_2$$

考虑到$\boldsymbol{f}_{21}=-\boldsymbol{f}_{12}$，上式可改写成

$$\mathrm{d}A=\boldsymbol{f}_{21}\cdot(\mathrm{d}\boldsymbol{r}_2-\mathrm{d}\boldsymbol{r}_1)=\boldsymbol{f}_{21}\cdot\mathrm{d}(\boldsymbol{r}_2-\boldsymbol{r}_1)=\boldsymbol{f}_{21}\cdot\mathrm{d}\boldsymbol{r}_{21}$$

式中，$\mathrm{d}\boldsymbol{r}_{21}$、$\boldsymbol{f}_{21}$分别是第二个质点相对第一个质点发生的位移和第二个质点受到来自第一个质点的作用力。从推导过程不难看出，一对内力做功等效于一个力做功，只是将参考点由O点转移至另一质点所在位置。若m_1与m_2相对位置不变，

则一对内力做功一定为零。

可见：**一对内力做功，只与其中一个质点受力与这个质点相对另一质点发生的相对位移有关，与参考系选取无关。”**

请你回顾在高中讨论过的滑雪橇等问题，当初，你可能选运动员和地球为系统，用功能原理求解，你只计算了运动员受地面的摩擦力所做的功，从没计算过雪橇给地面的摩擦力做的功，原因就在于此。

进一步地，请你关注主教材中系统的保守内力做功的特点。

问题3：本章从力对时间的积累效果和对空间积累效果出发，依据牛顿第二定律，推导或引入一系列定理或定律。也就是说，从理论层面看，用牛顿运动定律和用这些定理、定律解决问题是等价的。那为什么还要引入这些定理和定律？谈谈你自己的认识和看法。

分析解答：虽然这些定理由牛顿第二定律演绎而得，但牛顿运动定律只是给出了力的瞬时作用效果，并没有回答力持续作用后获得的效果如何，也就是说，动量定理和动能定理以及功能原理在处理问题时也是不可或缺的。另外，动量守恒定律和能量守恒定律（注：机械能守恒定律只是能量守恒定律在机械运动中的具体表现）是自然界中的普适定律，在牛顿运动定律不再成立的领域它们也是成立的。因此，比起牛顿运动定律，本章的理论应用范围更广。但它们都只适用于同样的前提条件——系统的质量是不变量（质心运动定理和两个守恒定律都指明了这一点），而且，必须是针对惯性参考系。

填空题及答案

1. 系统内力做功与参考点的选取<u>无关</u>，只与质点间的相对位移<u>有关</u>。（填有关或无关）

2. 保守内力做功的特点是：<u>与质点经过的路径无关，只与质点所在的始末位置有关</u>。

3. 一圆锥摆的摆球质量为 m，在水平面内以速率 v 作半径为 R 的圆周运动，当摆球运动半周时，所受重力冲量的大小为<u>$mg\pi R/v$</u>，动量变化的大小为<u>$2mv$</u>。

思考与练习解答

1. 质量和速率都相同的物体动量一定相同么？为什么？

分析解答：动量是矢量，即使质量和速率相同，但因为速度方向不同，从而反映该物体的动量是不同的。

更深入地，还可以比较质量和速率都相同的情况下，动能和动量是否相同。当然，它们无论如何是不能相同的，因为一个是标量，一个是矢量。正如主教材中所讲过的，到底用动能还是用动量反映物体的运动状态，历史上曾有长达五十年的争论。现在看来，这个争论实在没有必要，正像恩格斯后来说的那样：“两种量度是从不同角度来量度运动的，都需要”。是呀，一个是从力的空间积累角度引入描述运动的物理量，另一个却是从力的时间积累角度引入描述运动的物理量。虽然有联系——都反映出物体的惯性和运动的快慢，但动能无法反映物体运动的方向性。

2. 一个人在船上用鼓风机正对帆鼓风，船将前进，还是后退？

分析解答：人和船是一个系统，来自鼓风机的力是系统内力，而内力不能改变系统的总动量，所以船既不后退，也不前进。

3. 跳伞员为什么要选择松软的草地或沙滩着陆？

分析解答：跳伞员在着陆时，动量的变化是一定的。根据动量定理，选择松软的草地或沙滩着陆，是为了增加脚和接触物作用的时间，以减小脚部所受的作用力，避免受伤。

4. 物体动量发生了变化，它的动能是否一定发生变化？根据质点系的动量定理，我们是否可以做这样的设想：把系统无限扩大，这样，所有的力都将变成系统内力，于是得到整个宇宙的总动量是不变量。

分析解答：动量和能量都是描述质点或质点系运动状态的物理量，只不过是从不同角度引入的，当考察力对时间的积累时，动量要发生变化，但动能却不一定变化，例如质点作匀速率圆周运动时，由于切向力为零，速度大小（速率）不变，但速度方向时刻在变化，所以它的动量变化，而动能保持不变。

当把系统扩大到所有的力都变成内力时，整个系统所受的外力为零，系统的动量当然是守恒的。

5. 一个人从大船上容易跳上岸，而从小船上不容易跳上岸，请解释其原因。

分析解答：在人和船组成的系统中，如果忽略船受水的摩擦力，则该系统在水平方向的动量是守恒的，即人和船动量的大小是相等的。由于大船质量较大，获得的反向速度很小，从而，人可以获得更大的速度，他跳的就更远一些。

6. 单独谈某个物体的势能有没有意义？为什么？保守内力做正功，其相应的势能如何变化？

分析解答：单独看势能中的“势”字，它本身就具有相对的含义，它总是相对某一常态状况而言的。由于保守力做功只与物体所在的始末位置有关，而与路径无关，所以只有在保守力场中才能引入势能。它是关于位置状态的单值函数 $E_p = E_p(r)$，物体在某一位置的势能，在数值上等于把物体从该点移至势能零点，该保守力所做的功。这便可以从力和位移两方面看出势能的相对性特点：因为保守力属于系统内力，且物体间的作用具有相互性，而内力做功与系统内物体间的相对位移有关，与参考点的选取无关，所以势能属于整个系统，而不属于哪个单独的物体。

因保守力做正功是以消耗系统的势能为代价的，所以势能一定要减少，即保守力做功总是等于相应势能的减少（或势能增量的负值）。

7. 内力的持续作用，能否改变系统的总动量和总动能？为什么？

分析解答：由质点系的动量定理推导过程不难看出：虽然系统内力可以改变各质点的动量，但由于冲量是力对时间的积累，是矢量，所以对一个系统而言，在冲量叠加的过程中，系统内力的冲量总是因大小相等而方向相反而抵消，它对系统动量的增量是没有贡献的。由于一对内力做功一般不等于零（见主教材中关于内力做功的特点），所以，依据质点系的动能定理，内力的持续作用会改变系统的总动能。

8. 质量为 m 的物体，初速极小，在外力作用下从原点起沿 x 轴正向运动。所受外力方向沿 x 轴正向，大小为 $F=kx$。求物体从原点运动到坐标为 x_0 点的过程中所受外力冲量的大小。

分析解答：方法一：用动量定理求冲量。$F\rightarrow a\rightarrow v\rightarrow I=mv-mv_0$。由牛顿第二定律，可得

$$a=\frac{F}{m}=\frac{kx}{m}$$

再由加速度定义
$$a=\frac{\mathrm{d}v}{\mathrm{d}t}=\frac{v\mathrm{d}v}{\mathrm{d}x}$$

得
$$v\mathrm{d}v=\frac{k}{m}x\mathrm{d}x$$

考虑到初速极小，所以 $v_0=0$，应有下式成立：

$$\int_0^v v\mathrm{d}v=\frac{k}{m}\int_0^{x_0}x\mathrm{d}x$$

积分得
$$\frac{1}{2}v^2=\frac{k}{2m}x_0^2$$

继而得
$$v=\sqrt{\frac{k}{m}}x_0$$

利用质点的动量定理，得

$$I=\Delta(mv)=\sqrt{mk}x_0$$

方法二：用冲量的定义求冲量。对一维直线运动，$I=\int_0^t F\mathrm{d}t$，因为力是位置坐标的函数，所以要统一变量后再积分。由方法一我们已经知道，质点在任意时刻的速度为 $v=\sqrt{k/m}x$，而 $I=\int_0^t F\mathrm{d}t$ 又可以通过分式变换改写成下列形式：

$$I=\int_0^{x_0}kx\frac{\mathrm{d}x}{\mathrm{d}t}\frac{\mathrm{d}t}{\mathrm{d}x}\mathrm{d}t=\int_0^{x_0}kx\frac{\mathrm{d}t}{\mathrm{d}x}\mathrm{d}x=\int_0^{x_0}\frac{kx}{v}\mathrm{d}x$$

即
$$I = \int_0^{x_0} kx\sqrt{\frac{m}{k}}\frac{1}{x}\mathrm{d}x = \sqrt{kmx_0}$$
显然，用动量定理求解更方便快捷。

9. 在28天里，月球沿半径为 4.0×10^8m 的圆轨道绕地球一周。月球的质量为 7.35×10^{22}kg，地球的半径为 6.37×10^3 km 。求在地球参考系中观察时，在14天里，月球动量增量的大小。

分析解答：将月球视为质点，14天里，月球行程为半个圆周，因此，月球作圆周运动的速度为
$$v = \frac{\pi r}{t} = \frac{3.14\times4\times10^8}{14\times24\times3.6\times10^3}\mathrm{m\cdot s^{-1}} = 1.03\times10^3\mathrm{m\cdot s^{-1}}$$
其动量改变量的大小为
$$\Delta p = 2mv = 1.5\times10^{26}\mathrm{kg\cdot m\cdot s^{-1}}$$

10. 一架飞机在空中以300m/s的速度水平匀速飞行，而一只质量为0.3kg的小鸟以4m/s的速率相向飞来，不幸相撞，相撞时间约为3ms，求鸟与飞机间的平均作用力。

分析解答：如果选飞机为研究对象，因其质量未知而无法求解。现以小鸟为研究对象，设小鸟飞行方向为正方向，碰撞后小鸟和飞机以相同的速度运动，所以，碰撞前后小鸟对地面的速度变化为 $v = (-300-4)\mathrm{m\cdot s^{-1}} = -304\mathrm{m\cdot s^{-1}}$，依据质点的动量定理，可得
$$\overline{F}\Delta t = mv - mv_0 \rightarrow \overline{F} = \frac{mv - mv_0}{\Delta t} = \frac{-0.3\times304}{3\times10^{-3}}\mathrm{N} = -3.04\times10^4\mathrm{N}$$

由牛顿第三定律，飞机所受的反作用力为 3.04×10^4N，小小的飞鸟与飞机相撞，给飞机的反作用力如此之大，试想，如果小鸟撞到飞机的某些特殊部位，后果会有多么严重！

11. 空中有一气球，下连一个绳梯，它们的总质量为 m'。在绳梯上站一质量为 m 的人，初始时，气球和人均相对地面静止，当人以相对于绳梯为 u 的速度向上爬时，求气球的速度。

分析解答：以人和绳梯组成的系统为研究对象，由于相对运动的存在，应明确选择以地面为参考系，选竖直向上为坐标轴的正方向，设人爬绳梯时绳梯对地面的速度为 v，此时，人对地面的速度即为 $u+v$。由于在竖直方向上，该系统所受合外力为零，所以该系统在竖直方向的动量守恒。即有下列等式成立：
$$m(v+u) + m'v = 0$$
解得
$$v = -\frac{mu}{m'+m}$$
负号表示气球与绳梯运动的方向向下。在这里有必要提醒读者注意：**如果未知量**

是矢量，即使事先选择了坐标系，也不要人为赋予其正号或负号，它的大小和方向都是未知的，均应依据相关定理或定律求出。另外，在依据定理或定律求解问题时，一定要列原始方程，也就是说，所列方程必须反映出定理或定律的原意。

12. 质量为 m 的人，站在质量为 m' 的车上，地面光滑，初始时人与车均相对地面静止。然后，人以相对于车为 u 的速度从车的一端走向另一端，求在人走的过程中，车对地的速度。

分析解答：本题和前一题目类似，只是在水平方向上系统动量守恒，这里不再详细讨论。当然结果是 $v=-mu/(m'+m)$，负号表示车向着人行走的反方向运动。

13. 向北发射一枚质量 $m=50\text{kg}$ 的炮弹，它到达最高点时速率为 $200\text{m}\cdot\text{s}^{-1}$，爆炸成三块弹片。第一块质量 $m_1=25\text{kg}$，以 400m/s 的水平速度向北飞行；第二块质量 $m_2=15\text{kg}$，以 $200\text{m}\cdot\text{s}^{-1}$的水平速率向东飞行。求第三块的速度。

分析解答：建立坐标轴正向分别向正北、正东方向的平面直角坐标系，该系统在此平面上的动量守恒。据此，应有下式成立：

$$mv\boldsymbol{i}=m_1v_1\boldsymbol{i}+m_2v_2\boldsymbol{j}+m_3\boldsymbol{v}_3$$

即 $m_3\boldsymbol{v}_3=mv\boldsymbol{i}-m_1v_1\boldsymbol{i}-m_2v_2\boldsymbol{j}=[(50\times200-25\times400)\boldsymbol{i}-15\times200\boldsymbol{j}]\text{kg}\cdot\text{m}\cdot\text{s}^{-1}$

$$=-3\times10^3\boldsymbol{j}\text{kg}\cdot\text{m}\cdot\text{s}^{-1}$$

解得

$$\boldsymbol{v}_3=\frac{-3\times10^3\boldsymbol{j}}{10}\text{m}\cdot\text{s}^{-1}=-300\boldsymbol{j}\text{m}\cdot\text{s}^{-1}$$

14. 质量 $m=2\text{kg}$ 的质点在力 $\boldsymbol{F}=12t\,\boldsymbol{i}$ （SI）的作用下，从静止出发沿 x 轴正向作直线运动，求前 3s 内该力所做的功。

分析解答：本题可以用功的定义求解，但因为力是时间的变量，无法直接积分求功。也可以借助功率的定义，利用 $A=\int_{t_1}^{t_2}P\text{d}t=\int_{t_1}^{t_2}Fv\text{d}t$ 求解。更可以利用动能定理求解。三种解法中都必须将速度求出来。正如前面温馨提示中所述，当然，用质点的动能定理求解可以避免多余的积分运算，是最简单的做法。依据牛顿运动定律和加速度定义，应有下式成立：

$$\frac{\text{d}v}{\text{d}t}=\frac{F}{m}\longrightarrow\text{d}v=\frac{F}{m}\text{d}t$$

考虑到速度的初始条件，有 $\int_0^v\text{d}v=\int_0^t6t\text{d}t$，$v=3t^2$，可以求出：$v_3=27\text{m}\cdot\text{s}^{-1}$，这样

$$A=\frac{1}{2}mv_3^2=729\text{J}$$

15. 质点的质量 $m=0.5\text{kg}$，在 Oxy 平面内运动，其运动学方程为 $x=5t$

(SI)，$y=0.5t^2$ (SI)。求从 $t=1s$ 到 2s 这段时间内，外力所做的功。

分析解答：和前一题类似，用三种方法都可以求解，不同的是，由于本题给出了运动方程的分量式，所以求速度更加便捷。由速度定义

$$v_x=\frac{dx}{dt}=5m\cdot s^{-1},\ v_y=\frac{dy}{dt}=t\quad (m\cdot s^{-1})$$

任意时刻的速度 $v^2=v_x^2+v_y^2=25+t^2$

将 $t=1s$ 和 $t=2s$ 代入，依据质点的动能定理，得

$$A=\frac{1}{2}m(v_2^2-v_1^2)=0.75J$$

16. 一方向不变、大小按 $F=5t^2$ (SI) 变化的力作用在原先静止、质量为 5kg 的物体上，求：(1) 前 3s 内力所做的功；(2) $t=3s$ 时物体的动能；(3) $t=3s$ 时力的功率。

分析解答：和 14 题分析相同，可以求得速度如下：

$$\int_0^v dv=\int_0^t t^2 dt\rightarrow v=\frac{1}{3}t^3$$

(1) 由质点的动能定理，前 3s 内力所做的功为 $A=\frac{1}{2}mv_3^2=202.5J$

(2) 由 (1) 中的结果得 $t=3s$ 时，物体的动能为 $E_k=202.5J$

(3) 功率 $P=Fv=(5t^2)\left(\frac{1}{3}t^3\right)=\frac{5}{3}t^5$，$t=3s$ 时，$P=405W$

17. 有人从 10m 深的井中提水，开始时桶中装有 10kg 的水，由于水桶漏水，每升高 1m 漏水 0.2kg，求水桶匀速地从井中提到井口过程中，人所做的功。

分析解答：按传统的思维习惯是否可以这样认为：选竖直向上为坐标轴正方向。人匀速提水，设任意时刻水桶的位置坐标为 y，因此，拉力与水的重力应存在如下关系：

$$F-mg=0\rightarrow F=(m_0-0.2y)g$$

人的拉力所做的功

$$A=\int_0^{10}9.8\times(10-0.2y)dy=9.8\times\left(100-\frac{1}{2}\times0.2\times100\right)J=882J$$

然而，细心的读者可能会有这样的疑问，经典力学中研究对象的质量应该是不变量，怎么可以把时刻在漏的水单独作为研究对象呢？即便这样选择研究对象，根据经典的变质量动力学方程，人的拉力和水桶中水的重力之间还会有 $F=(m_0-0.2y)g$ 这一关系存在吗？联想到对提链问题的讨论，人对链条的提力与被提起的链条所受的重力的确是不相等的。问题出在哪里？现在最为清晰的物理图像是直接选择水桶里面的水为研究对象（主体），则该主体所受合外力为 $F-mg$，由于匀速运动，主体的加速度 $a=0$，又因为参与质量交换部分那些质点一

直和主体以同一速度向上运动，所以，它们相对主体的速度 $u=0$，依据变质量动力学方程

$$\boldsymbol{F}=m\frac{\mathrm{d}\boldsymbol{v}}{\mathrm{d}t}-\boldsymbol{u}\frac{\mathrm{d}m}{\mathrm{d}t}$$

一定有 $F-mg=0$，这是变质量问题中的特殊情况。这样看来，前面那些疑虑和担心是没有必要的，所得结论的正确性不容怀疑。

18. 设两个粒子之间的相互作用力是排斥力，其大小与粒子间距离 r 的函数关系为 $F=k/r^3$，k 为正值常量，试求这两个粒子相距为 r 时的势能（设相互作用力为零的地方势能为零）。

分析解答：由于该力的大小随两个粒子间距离变化，且方向沿两个粒子的连线方向，所以是有心力，而一切有心力都是保守力，可以在该力场引入势能。由于内力做功与参考点的选取无关，只与两个质点的相对位移有关，基于这样的考虑，设其中一个粒子所在点为坐标原点；又因为保守力做功与质点经过的路径无关，这样，积分路径可以选择由原点指向另一个粒子的方向的直线，将其视为坐标轴正方向。利用功的直角坐标表示，考虑到两个粒子相距无限远时，相互作用力为零，所以，无限远处为势能零点，则两个粒子相距为 r 时的势能为

$$E_{\mathrm{pr}}=\int_r^{\infty}F\mathrm{d}r=\int_0^{\infty}kr^{-3}\mathrm{d}r=\frac{k}{2r^2}$$

该处势能大于零，说明将该粒子从 r 处移至无限远，该力做正功。

19. 质量为 m 的小球，在力 $F=-kx$ 作用下运动，已知 $x=A\cos\omega t$，其中 $\omega^2=k/m$，k、A 均为常数。求在 $t=0$ 到 $t=\pi/2\omega$ 过程中小球动量和动能的增量。

分析解答：因为运动方程 $x=A\cos\omega t$ 已经给出，可以直接通过求速度，进而求动量和动能，再求其增量。也可以直接利用冲量的定义和功的定义将冲量和功求出，再由动量定理和动能定理最后求出结果。我们选用前一种做法。由速度定义

$$v=\frac{\mathrm{d}x}{\mathrm{d}t}=-\omega A\sin\omega t$$

$t=0$ 时，$v=0$；$t=\dfrac{\pi}{2\omega}$时，$v=-\omega A$。在此期间，动量的增量为

$$\Delta p=-m\omega A=-\frac{k}{\omega^2}\omega A=-\frac{kA}{\omega}$$

若将 ω 以 m 替代，则 $\Delta p=-\sqrt{k/m}A$，动能的增量

$$\Delta E_{\mathrm{k}}=\frac{1}{2}mv^2=\frac{1}{2}\ \frac{k}{\omega^2}\omega^2A^2=\frac{1}{2}kA^2$$

如果用动量定理求解，小球动量的增量应等于小球受到的冲量，即

$$\Delta p = \int_0^{\frac{\pi}{2\omega}} (-kA\cos\omega t)\,dt = -\frac{kA}{\omega}$$

同样，由动能定理也可以求出小球动能的增量，不过要把时间变量换成空间变量，由 $x = A\cos\omega t$，当 $t=0$，$t=\dfrac{\pi}{2\omega}$，对应的 $x_0 = A$，$x_1 = 0$

$$\Delta E_k = \int_{x_0}^{x_1}(-kx)\,dx = \int_A^0(-kx)\,dx = \frac{1}{2}kA^2$$

相比较而言，用动量定理和动能定理求解更方便。

20. 如图 3.3（主教材图 3.21）所示，摆长为 l、摆锤质量为 m，开始时摆与铅直线间夹角为 θ，在竖直线上距悬点 x 处有一小钉，摆可以绕此小钉运动。问 x 至少为何值时，才能使摆以钉子为中心绕一完整的圆周运动？

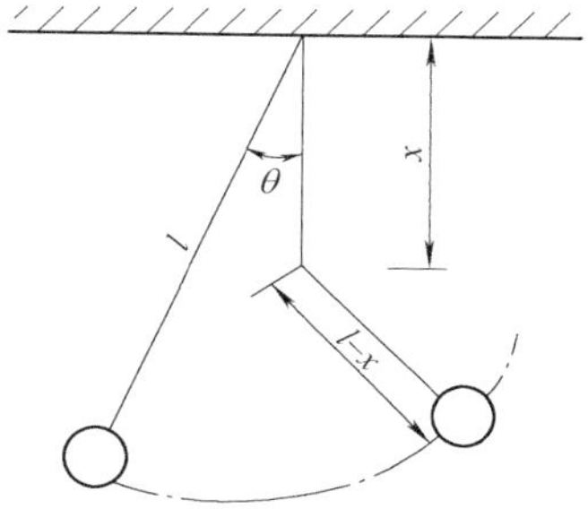

图　3.3

分析解答：以地球和摆锤为研究对象，由于重力是保守力，该系统的机械能守恒。取摆锤运动至最低点为重力势能零点，则摆锤在初始位置的机械能与摆锤在最高点的机械能相等，即

$$mgl(1-\cos\theta) = 2mg(l-x) + \frac{1}{2}mv^2$$

当摆锤运动至最高点时，要以钉子为中心绕一完整的圆周运动，至少应有

$$mg = m\frac{v^2}{l-x}$$

联立以上方程，解得

$$x = \frac{3+2\cos\theta}{5}l$$

21. 如图 3.4（主教材图 3.22）所示，一质量为 2kg 的物体，在竖直平面内由 A 点沿一半径为 1m 的 1/4 圆弧轨道滑到 B 点，又经过一段水平距离 $BC = 3$m 后停止。设物体滑至 B 点时速率为 $4\text{m}\cdot\text{s}^{-1}$，摩擦因数处处相同。（1）物体从 A 点滑到 B 点和从 B 点滑到 C 点过程中，摩擦力各做功多少？（2）求摩擦因数。

分析解答：

（1）在 $A \to B$ 过程中，由于重力做功为 mgR，由质点的动能定理可知

$$mgR + A_{F1} = \frac{1}{2}mv_B^2$$

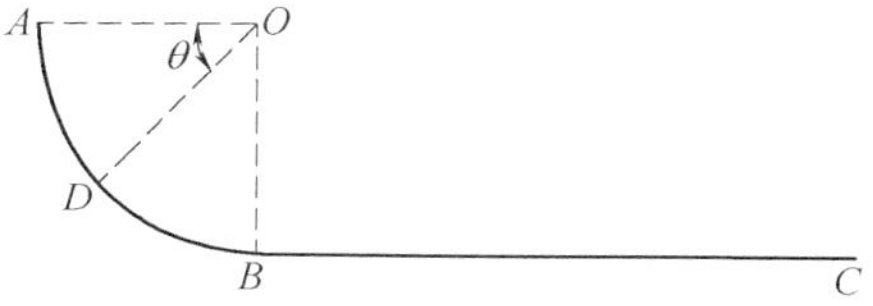

图　3.4

解得摩擦力做的功　$A_{F1} = \dfrac{1}{2}mv_B^2 - mgR$

$= -3.6\text{J}$

同理，在 $B \to C$ 过程中，摩擦力做功 $A_{F2} = 0 - \frac{1}{2}mv_B^2 = -16\text{J}$

（2）在 $B \to C$ 过程中，由于 $A_{F2} = \mu N \overline{BC} = \mu mg \overline{BC}$

解得摩擦因数 $\mu = -\frac{A_{F2}}{mg\,\overline{BC}} = 0.27$

22. 如图 3.5（主教材图 3.23）所示，在一倾角为 θ 的光滑斜面下端安置一个未被压缩的轻弹簧，其劲度系数为 k，斜面上有一质量为 m 的木块，它到弹簧上端的距离为 l。将木块由静止开始释放，求：（1）木块刚接触弹簧时的速率；（2）弹簧的最大压缩量。

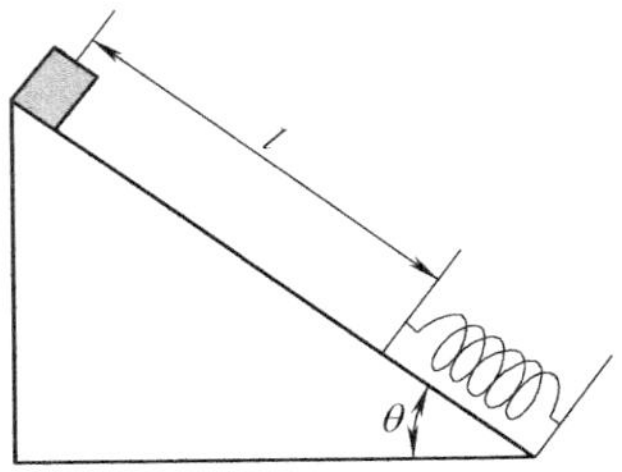

图 3.5

分析解答：在木块由最高点到弹簧自然伸长处的过程中，木块与地球系统的机械能守恒，设弹簧自然伸长处为重力势能零点，于是

$$\frac{1}{2}mv^2 = mgl\sin\theta$$

解得
$$v = \sqrt{2gl\sin\theta}$$

此后，将木块、地球和弹簧视为一个系统，该系统的机械能仍守恒。设弹簧的最大压缩量为 x，此时木块速度为零，这样，由机械能守恒定律，应有

$$\frac{1}{2}mv^2 = \frac{1}{2}kx^2 - mgx\sin\theta$$

解得
$$x = \frac{mg\sin\theta + \sqrt{m^2g^2\sin^2\theta + 2kmgl\sin\theta}}{k}$$

23. 如图 3.6（主教材图 3.24）所示，一链条总长为 l，质量为 m，放在桌面上，并使其部分下垂，下垂一段的长度为 a。设链条与桌面之间的滑动摩擦因数为 μ。令链条由静止开始运动，问

（1）到链条刚离开桌面的过程中，摩擦力对链条做了多少功？

（2）链条刚离开桌面时的速率是多少？

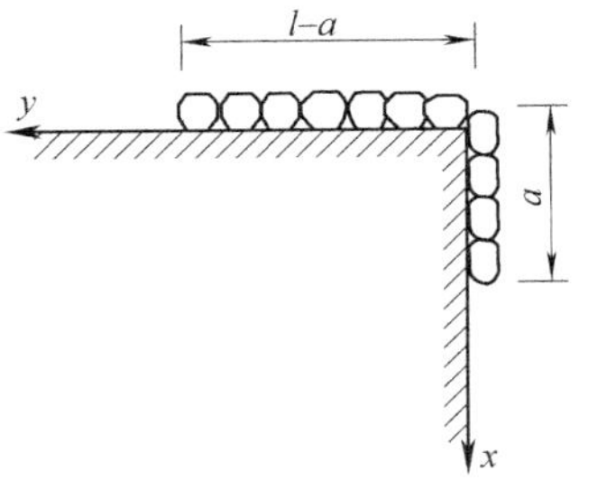

图 3.6

分析解答：

（1）以链条整体为研究对象。由于链条质量分布均匀，设其单位长度的质量为 λ，运动至任意位置 y 时，在桌面部分的链条所受的摩擦力为 $F = \mu m'g = \mu\lambda yg$，由功

的定义，摩擦力所做的功为

$$A_{\mathrm{f}} = \int_{l-a}^{0} \mu\lambda g y \mathrm{d}y = -\frac{\mu\lambda g}{2}(l-a)^2 = -\frac{\mu m g}{2l}(l-a)^2$$

（2）对于该系统，在这一过程中，外力做功为零，非保守内力（摩擦力）做功已由（1）给出。取链条完全脱离桌面时链条下端为零势能点，依据功能原理，应有

$$A_{\mathrm{f}} = E_2 - E_1 \rightarrow -\frac{\mu m g}{2l}(l-a)^2 = \left(\frac{1}{2}mv^2 + mg\frac{l}{2}\right) - mg\left(l - \frac{a}{2}\right)$$

整理得

$$v = \sqrt{\frac{g}{l}}[l^2 - al - \mu(l-a)^2]^{\frac{1}{2}}$$

第四章　质点系的转动

本章知识体系结构图

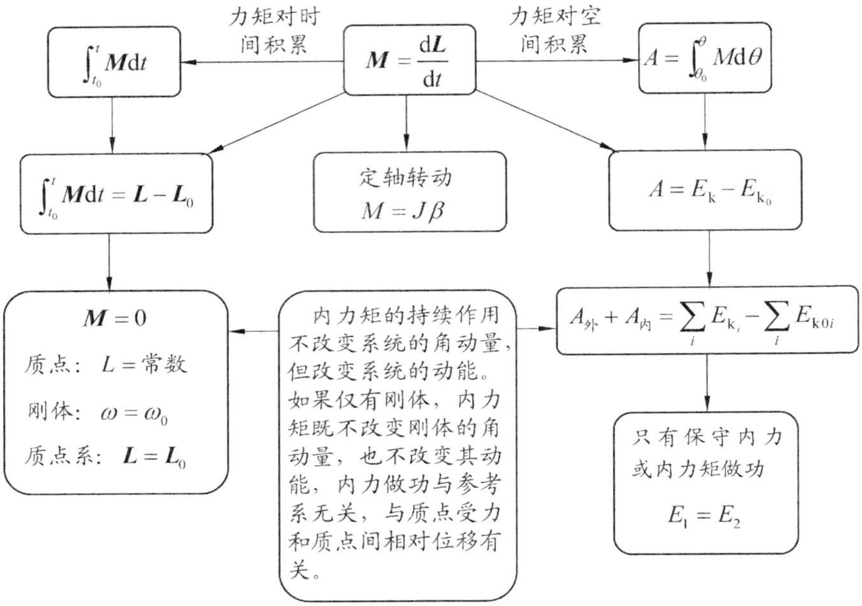

观察质点或质点系所做的运动，判断它属于哪一种运动形态，完全取决于观察者的观察角度和观测范围。想象一只蚂蚁在地面上向前爬行，你改变观测范围和观测地点（比如由地面改到地心），它运动的轨迹会有不同吗？正如本章开篇所讲，**“同样的运动，从不同角度观察，既可以认为是平动，也可以认为是绕某点或某一轴的转动。”**

理性解读：**对于转动，直接沿用前几章引入的描述质点、质点系运动的物理量和相关定理、定律来处理问题，会使问题的处理过程复杂化，甚至根本无法处理。但针对转动中的运动学和动力学特点，引入一组新的物理量，在已有认知的基础上，通过演绎，得出相应的系列规律，以使相关问题得到有效解决，是研究质点系转动问题的出发点和落脚点。**

温馨提示：**之一，正因为本章所得规律都是在前几章基础上演绎过来的，请**

读者在理解新规律和讨论新问题时，一定要注意运用类比的方法，同时注意把握相关定理、定律在适用条件上的不同。之二，由于描述转动的物理量有很多都是矢量，矢量的方向都沿转轴方向，所以对于定轴转动，只要事先规定了转轴正方向，用分量式计算即可。对于非定轴转动，我们只作定性讨论，并以此解释相关物理现象。这样看来，本章我们所遇到的问题并非像许多读者想象的那样难以处理。

主要问题的分类及对策

由知识体系结构图给出的线索不难发现，从某种意义上讲，本章讨论的问题就是针对新的物理模型，并引入相应的物理量，演绎出相关定理、定律，以此求得问题的解决。说到底，就是针对转动的质点系，对前三章的理论加以细化。这里不再就问题分类及对策进行归类总结。

第一类，关于刚体定轴转动的运动学问题，参照质点运动学问题的分类及处理对策。

第二类，关于一般质点系转动的动力学问题，参照第二章、第三章中质点动力学和质点系动力学主要问题的分类及对策。

由于质点、质点系在一维直线运动中所有矢量均在坐标轴方向上；对应地，质点或刚体绕某一定轴转动时，作为转动物理量中的矢量也都在转轴方向上，为便于理解和记忆，我们将质点、质点系的一维平动与质点、刚体的定轴转动相对应的物理量和物理规律加以比较，如表 4-1 和表 4-2 所示。

表 4-1　物理量的比较

平动物理量名称	定义	转动物理量名称	定义
位置坐标	x	角坐标	θ
位移	$\Delta x = x_2 - x_1$	角位移	$\Delta\theta = \theta_2 - \theta_1$
速度	$v = \dfrac{dx}{dt}$	角速度	$\omega = \dfrac{d\theta}{dt}$
加速度	$a = \dfrac{dv}{dt}$	角加速度	$\beta = \dfrac{d\omega}{dt}$
动量	$p = mv$	质点的角动量	$L = rmv\sin\theta$
		刚体的角动量	$L = J\omega$
动能	$E_k = \dfrac{1}{2}mv^2$	转动动能	$E_k = \dfrac{1}{2}J\omega^2$
势能	$E_p = mgy$	势能	$E_P = mgy_C$
力	F	力矩	$M = rF\sin\theta$
冲量	$I = \int_0^t F dt$	冲量矩	$\int_0^t M dt$
功	$A = \int_a^b F dx$	力矩功	$A = \int_{\theta_1}^{\theta_2} M d\theta$

注：考虑到读者对角动量和力矩在理解上有一定困难，因此在表中将它们的大小单独显示出来，即 $L = rmv\sin\theta$ 和 $M = rF\sin\theta$，对于定轴转动，$\theta = \pi/2$。

表 4-2 物理规律的比较

牛顿第二定律	$F=ma$	转动定律	$M=J\beta$
质点的动量定理	$\int_0^t F\mathrm{d}t = p_2 - p_1$	质点的角动量定理	$\int_0^t M\mathrm{d}t = L - L_0$
质点系的动量定理	$\int_0^t F\mathrm{d}t = \sum p_i - \sum p_{i0}$	质点系的角量定理	$\int_0^t M\mathrm{d}t = \sum L_i - \sum L_{i0}$
质点的动能定理	$\int_a^b F\mathrm{d}x = \frac{1}{2}mv^2 - \frac{1}{2}mv_0^2$	刚体转动动能定理	$\int_{\theta_1}^{\theta_2} M\mathrm{d}\theta = \frac{1}{2}J\omega^2 - \frac{1}{2}J\omega_0^2$

关于质点系的动量守恒定律、角动量守恒定律以及机械能守恒定律没有列入表中加以对比，在这里简单予以说明：如果质点系所受的合外力为零，则质点系的动量保持不变。如果质点系所受的合外力矩为零，则质点系的角动量保持不变。重温力矩的定义便不难看出：一个系统所受合外力为零，它所受的合外力矩却不一定为零，因此，一个系统的动量守恒，其角动量不一定守恒。反之，一个系统的角动量守恒，其动量不一定守恒。另外，力矩做功与力做功在本质上是一致的，所以，对于一个任意质点系（包括刚体这一特殊的质点系），只要外力（外力矩）做功与非保守内力（内力矩）做功代数和为零，该质点系的机械能一定保持不变。

问题讨论

问题 1：高速旋转的物体具有很好的定向性。通过学习本章内容，结合自己的体会，解释为什么在制造枪炮筒时都在其内壁刻有来复线？

分析解答：正如本章开篇所讲，小朋友玩陀螺时，如果陀螺不旋转或旋转速度不够，在把陀螺放到地上时，或多或少会使陀螺质心与支点连线偏离竖直方向，使陀螺受到重力矩作用而倾倒（陀螺的最低旋转速度与陀螺的形状、大小和质量有关）。如果陀螺高速旋转，即使将陀螺倾斜放到地上，陀螺也不会倾倒。因受到重力矩的作用，会使陀螺自转角动量发生改变，即使地面很光滑，使得陀螺自转角速度大小几乎不发生改变，但角动量是矢量，它的方向会发生改变，根据角动量定理，角动量改变的方向与重力矩方向相同。即陀螺一方面高速自转，另一方面还要以竖直方向为轴整体进动。

我们设想，把高速旋转的陀螺弹射出去，如果没有任何附加的力矩存在，一方面，它将随质心作整体的抛物线运动；另一方面，它仍将沿原有的转轴方向自旋直至落在地面。如果它受到相对于质心的力矩——诸如空气阻力矩的作用，它除了作整体的抛物线运动，还将绕通过其质心的瞬时轴产生进动，即高速自旋的物体由于进动而自行定向。如果陀螺在弹射时没有自转，则遇到相对于质心的附加力矩作用后，会产生绕通过质心的某一轴的翻转而不是绕质心的进动。至此，我们便不难理解在制造枪炮筒中为什么会在其内壁刻有螺旋线——“来复线”。

问题 2：为什么生鸡蛋转起来后很快就停止转动，而熟鸡蛋转起来后却能坚持很长时间？

分析解答：煮熟的鸡蛋旋转起来放在桌上能旋转很长时间，和问题 1 中旋转的陀螺放在地上不倾倒的道理一样。因为熟鸡蛋是一个整体，其内部物质间不会因蛋壳的旋转而产生相对运动造成“内部摩擦”，又因桌面相对光滑，所以转动角速度得以维持，即使稍有倾斜，依据角动量定理，重力矩的作用仅仅会使鸡蛋产生绕竖直轴的进动而不会在短时间内倾倒。由于生鸡蛋内部是液态状结构，在蛋壳旋转起来后，由于液体各层间的黏滞作用，一方面，会消耗相当一部分动能而使鸡蛋整体转速变慢；另一方面，转速变慢又导致角动量的变化落后于重力产生的冲量矩，即不满足角动量定理，因此，进动难以维持，在重力矩作用下，生鸡蛋会很快倾倒。

填空题及答案

1. 刚体转动惯量的大小与刚体的总质量、质量分布和转动轴的位置有关。

2. 长为 l、质量为 m 的均质细杆，以角速度 ω 绕过杆端点垂直于杆的水平轴转动，杆绕转动轴的动能为 $ml^2\omega^2/6$，角动量的大小为 $ml^2\omega/3$。

3. 一人站在转动的转台上，在他伸出的两手中各握有一个重物，若此人向着胸部缩回他的双手及重物，忽略所有摩擦，则系统的转动角速度增大，系统的角动量保持不变，系统的动能（转动动能）增加（填增大、减小或保持不变）。请读者自行思考：转动动能增加的根源何在？

4. 一个质点系统动量守恒，角动量不一定守恒，同样，如果角动量守恒，动量不一定守恒（填一定或不一定）。

思考与练习解答

1. 在求刚体所受合外力矩时，能否先求出刚体所受合外力，再求合外力对转轴的力矩？说明理由。

分析解答：不能。求合力时与各力的作用点无关；而各力所产生力矩却与力的作用点息息相关。即刚体所受合外力的矢量和对某一定轴的力矩（合力的力矩），一般不等于各力对该轴力矩之和（力矩的和），如一对力偶，其力的矢量和为零，若将此矢量和对轴取力矩必为零，但力偶的力矩并不为零。

2. 一个圆环和一个圆盘半径相等，质量相同，均可绕过中心、垂直于环、盘面的轴转动，开始时静止。在相同时间内，对两者施以相同的力矩时，哪个转的更快些？

分析解答：转动惯量是描述刚体转动惯性大小的物理量，即在相同力矩的作用下，转动惯量小的物体，其转动状态更容易改变。圆环的转动惯量为 mR^2，圆盘的转动惯量为 $mR^2/2$，根据转动定律，在相同力矩作用下，圆盘产生的角加速度大，经过相同的时间间隔，圆盘转得快些。

3. 有人握着哑铃两手伸开，坐在以一定的角速度转动的凳子上（摩擦力可忽略不计），若此人把手缩回使转动惯量减为原来的一半，则角速度怎样变化？转动动能增加还是减少？为什么？

分析解答：转轴处的摩擦可以忽略，即人和凳子组成的系统所受的合外力矩为零，系统的角动量保持不变。根据角动量守恒定律，当转动惯量减为原来的一半时，$\omega J_0/2=\omega_0 J_0$，即 $\omega=2w_0$，角速度变成原角速度的 2 倍，因转动动能与角速度平方成正比，所以，转动动能变为原来的 2 倍，用动能定理来衡量这种变化，又可以解释为，在两手缩回时，肌肉的拉力对系统做功，导致了系统转动动能的增加。

4. 刚体的转动惯量反映了刚体自身的什么性质？它与哪些因素有关？

分析解答：刚体的转动惯量是反映刚体转动惯性大小的物理量。由转动惯量的定义式 $J=\int r^2\mathrm{d}m$ 可知，转动惯量与刚体的总质量有关，与刚体的质量分布有关，与转轴的位置有关。

5. 一人站在水平转台上，转台可绕竖直轴作无摩擦转动，当人在转台上随意行走时，人和转台系统动量是否守恒？机械能是否守恒？角动量是否守恒？

分析解答：动量不守恒，因为当人在转盘上行走时，转轴给予转台和人这一系统的合外力的大小和方向都因人的行走而发生变化，即合外力不为零。机械能也不守恒，因为人在行走时，有摩擦力做功，属于非保守内力做功。角动量守恒，因为转轴处虽有外力，但该力总是通过转轴，所以该系统对转轴所受合外力矩为零。

6. 有两个力作用在一个有固定轴的刚体上。（1）这两个力都平行于轴作用时，它们对轴的合力矩一定是零；（2）这两个力都垂直于轴作用时，它们对轴的合力矩可能是零；（3）这两个力的合力为零时，它们对轴的合力矩也一定是零；（4）当这两个力对轴的合力矩为零时，它们的合力也一定是零。在上述说法中正确的是（　　）。

A. 只有(1)是正确的　　B. (1)、(2)正确;(3)、(4)错误

C. (1)、(2)、(3)都正确,(4)错误　　D. (1)、(2)、(3)、(4)都正确

分析解答：由力矩的定义或力矩的直角坐标表示均可以看出：答案 B 是正确的。

7. 关于力矩有下列几种说法：（1）对某一定轴转动的刚体，内力矩不会改变刚体的角加速度；（2）对任意质点系统，一对内力对同一轴的力矩之和必为

零；（3）对某一给定转轴，只有在转动平面上的力才有可能产生力矩，判断这些说法正确与否。

分析解答：

（1）正确，改变刚体角加速度的是合外力矩。

（2）正确，质点系统的内力成对出现，并且等大、反向、共线，所以内力矩之和为零。

（3）错误，只要力在转动平面方向上有分量就可能产生力矩。

8. 一个刚体所受合外力为零，其合力矩是否也一定为零？如果合外力矩为零，其合外力是否一定为零？

分析解答：合外力为零，其合外力矩不一定为零（合外力矩是指各力产生的力矩的矢量和）；合外力矩为零，合外力不一定为零，比如在第5题中，人在转台上行走时，轴对于转台的作用力不等于零，又如在子弹打杆（例4.6）问题中，轴对杆的作用力也不等于零（请参照该例题的分析解答过程）。

9. 一定滑轮半径为0.1m，相对中心轴的转动惯量为$1\times10^{-3}\mathrm{kg\cdot m^2}$。一变力$F=0.5t$（SI）沿切线方向作用在滑轮的边缘上，如果滑轮最初处于静止状态，忽略轴承的摩擦，试求它在1s末的角速度。

分析解答：根据转动定律得

$$M=J\frac{\mathrm{d}\omega}{\mathrm{d}t}$$

即

$$\mathrm{d}\omega=\frac{M}{J}\mathrm{d}t$$

其中，$M=Fr$，$r=0.1\mathrm{m}$，$F=0.5t$，$J=1\times10^{-3}\mathrm{kg\cdot m^2}$，分别代入上式，得

$$\mathrm{d}\omega=50t\mathrm{d}t$$

则1s末的角速度　$\omega_1=\int_0^1 50t\mathrm{d}t=25\mathrm{rad\cdot s^{-1}}$

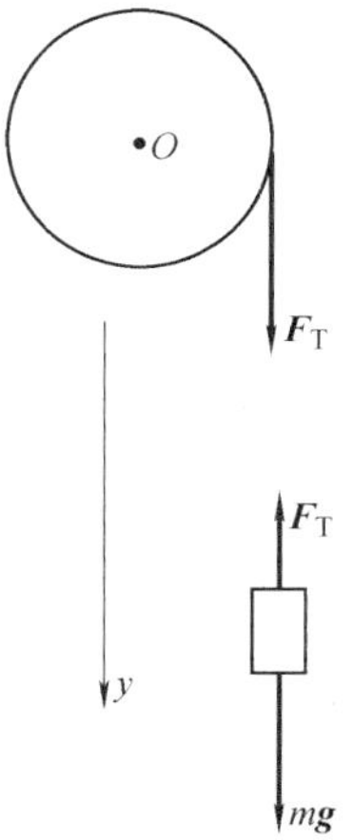

图　4.1

10. 一质量为m'，半径为R的圆柱体，可绕与其几何轴重合的水平固定轴转动（转动惯量$J=m'R^2/2$）。现以一不能伸长的轻绳绕于柱面，而在绳的下端悬一质量m的物体。不计圆柱体与轴之间的摩擦，求：（1）物体自静止下落，5s内下降的距离；（2）绳中的张力。

分析解答：分别对圆柱体和物体受力分析，如图4.1所示。由于圆柱体所受重力和轴的支持力通过转轴，不产生力矩，所以没在图中画出。设垂直纸面向里为转轴正方向，竖直向下为坐标轴正方向，对圆柱体，由转动定律得

$$F_TR=J\beta=\frac{1}{2}m'R^2\beta$$

对于物体，由牛顿第二定律得

$$mg - F_T = ma$$

且由线角量关系 $a = R\beta$

解得

$$a = \frac{mg}{\left(m + \frac{1}{2}m'\right)}$$

物体下降的距离为

$$h = \frac{1}{2}at^2 = \frac{25mg}{2\left(m + \frac{1}{2}m'\right)}$$

绳的张力为

$$F_T = \frac{m'mg}{(2m + m')}$$

11. 一轴承光滑的定滑轮，质量为 m'，半径为 R，一根不能伸长的轻绳，一端固定在定滑轮上，另一端系有一质量为 m 的物体，如图 4.2（主教材图 4.18）所示。已知定滑轮的转动惯量为 $J = m'R^2/2$，其初角速度 ω_0，方向垂直纸面向里。求：

（1）定滑轮的角加速度的大小和方向；

（2）定滑轮的角速度变化到 $\omega = 0$ 时，物体上升的高度；

（3）当物体回到原来位置时，定滑轮角速度的大小和方向。

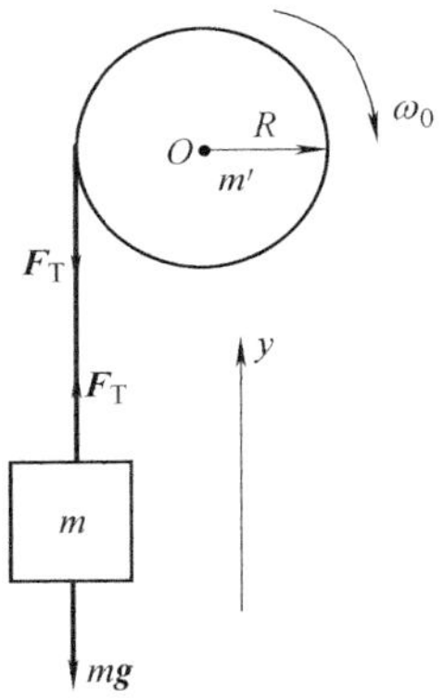

图 4.2

分析解答：

（1）受力分析与第 10 题类似。设转轴方向垂直纸面向里，竖直向上为坐标轴正方向，对圆柱体，由转动定律可得

$$-F_T R = J\beta = \frac{1}{2}m'R^2\beta$$

对物体，由牛顿第二定律可得

$$F_T - mg = ma$$

且 $a = R\beta$

解得

$$\beta = -\frac{mgR}{mR^2 + \frac{1}{2}m'R^2} = -\frac{2mg}{(2m + m')R}$$

负号表示角加速度方向垂直纸面向外，即角加速度方向与转轴正方向相反。

（2）由于圆柱体受到恒力矩作用，应有

$$\omega^2-\omega_0^2=2\beta\theta$$

当 $\omega=0$ 时，$\theta=-\omega_0^2/2\beta$，由于绳子与圆柱体之间不打滑、不伸长，所以，由线角量的关系，可立即得到物体上升的高度为

$$h=R\theta=-\frac{R\omega_0^2}{2\beta}=\frac{(2m+m')R^2\omega_0^2}{4mg}$$

（3）由于物体上升到最高点时，角速度 $\omega=0$，此后圆柱反向转，即物体向下运动。设物体回到原处的角速度为 ω_1，则 $\omega_1^2-\omega^2=2\beta\theta_1$，其中，$\theta_1$ 为圆柱反向旋转至原来位置时的角位移。由于转轴正方向垂直纸面向里，所以 $\theta_1=-\theta$，这样 $\omega_1=\pm\sqrt{2\beta\theta_1}$，取

$$\omega_1=-\sqrt{2\beta(-\theta)}=-\omega_0$$

负号表明，此时角速度的方向与转轴正方向相反，垂直纸面向外。

也许你对上述解法中不止一次出现的负号感到不耐烦，其实，除（1）所求问题外，（2）（3）所求的物理量均可由机械能守恒定律求解。从物体开始上升至停止这段期间，选地球、圆柱体、物体为研究对象，由于该系统在运动过程中只有保守内力（重力）做功，该系统的机械能守恒。设物体在原高度处的重力势能为零，有机械能守恒定律，应有下式成立：

$$\frac{1}{2}mv^2+\frac{1}{2}J\omega_0^2=mgh$$

由于绳子不伸长，物体运动的速度应与圆柱体边缘的线速度相等，根据线角量关系，有 $v=\omega_0R$，再将 $J=m'R^2/2$ 代入并整理，可直接得到物体上升的高度为

$$h=\frac{(2m+m')R^2\omega_0^2}{4mg}$$

而正是由于系统的机械能守恒，当物体从最高点再回到原处时，圆柱体的角速度大小一定与原来的初始角速度大小相等，而方向与原角速度方向相反，即求解（3）时所得到的 $\omega_1=-\omega_0$。可见，**在求解类似问题时，只要满足守恒条件，用守恒定律求解是最为便捷可靠的，它也是优先选择的解题依据，有的问题甚至不需要运算便可推断结果。**

12. 一根放在水平光滑桌面上的均质棒，可绕通过其一端的竖直固定光滑轴 O 转动。棒的质量为 $m=1.5\text{kg}$，长度为 $l=1.0\text{m}$，对轴的转动惯量为 $J=ml^2/3$。初始时棒静止。今有一水平运动的子弹垂直地射入棒的另一端，并留在棒中，如图 4.3（主教材图 4.19）所示。子弹的质量为 m'

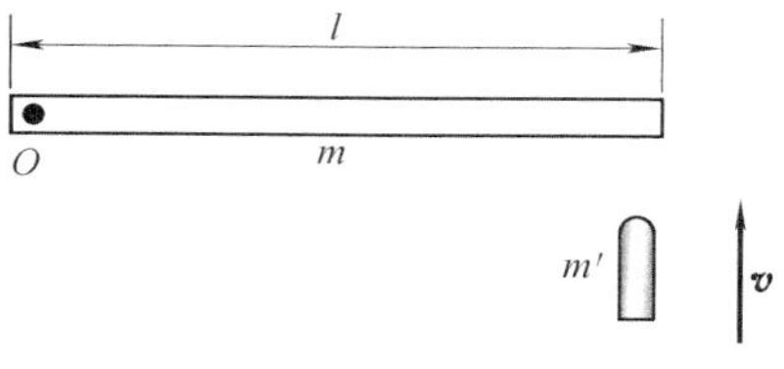

图　4.3

=0.020kg，速率为 $v=400\text{m}\cdot\text{s}^{-1}$。试问：

（1）棒开始和子弹一起转动时角速度有多大？

（2）若棒转动时受到大小为 $M=4.0\text{N}\cdot\text{m}$ 的恒定阻力矩作用，棒能转过多大的角度？

分析解答：

（1）在子弹打棒期间，转轴给予棒的作用力的大小和方向迅速变化，在子弹运动方向上，该力的分量并不为零，因此，棒和子弹组成的系统动量不守恒。但由于该作用力总是通过转轴，不产生力矩，所以该系统的角动量守恒，以垂直桌面竖直向上为坐标轴正方向，依据角动量守恒定律，应有

$$m'vl=\left(\frac{1}{3}ml^2+m'l^2\right)\omega$$

可以将子弹打进棒后的系统视为复合刚体，而（$ml^2/3+m'l^2$）便是该复合刚体对转轴的转动惯量。以此解得

$$\omega=\frac{m'v}{\left(\frac{1}{3}m+m'\right)l}=15.4\text{rad/s}$$

（2）依据转动定律，可得

$$-M_r=\left(\frac{1}{3}ml^2+m'l^2\right)\beta$$

且由于力矩是恒定的，应有 $0-\omega^2=2\beta\theta$，由此可求得棒转过的角度为

$$\theta=\frac{\left(\frac{1}{3}m+m'\right)l^2\omega^2}{2M_r}=15.4\text{rad}$$

再想想第三章温馨提示中所讲的优先选择解题依据的排序，你完全可以用转动动能定理求解棒转过的角度 θ。因为棒和子弹系统受到恒力矩作用，该力矩做功可写为 $M_r\theta$，由此

$$M_r\theta=\frac{1}{2}\left(\frac{1}{3}m'l^2+ml^2\right)\omega^2$$

这样，不需要任何中间过程，便可得到与上述同样的结果。

13. 如图 4.4（主教材图 4.20）所示，质量为 m，长为 l 的均质细杆可绕光滑水平轴在竖直面内转动。若使杆受到扰动从竖直位置开始转动，求杆转至任意位置（与水平方向成 θ 角）时的角速度。

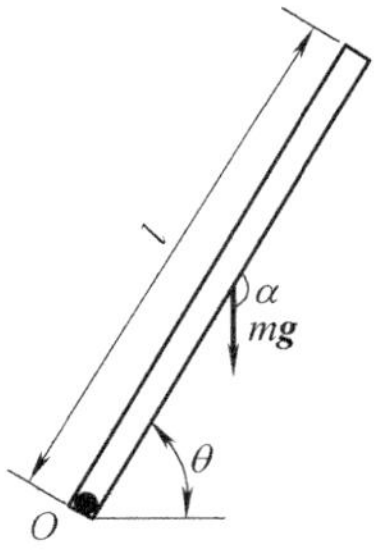

图 4.4

分析解答：这是应用转动定律和机械能守恒定律求解问题的典型题目。取垂直纸面向里为转轴正方向，杆转至任意位置时，重力对支点 O 的力矩为

$$M = \frac{1}{2}mgl\sin\alpha = \frac{1}{2}mgl\sin(\pi - \alpha) = \frac{1}{2}mgl\cos\theta$$

由转动定律得

$$\frac{1}{2}mgl\cos\theta = J\beta$$

其中，$J = \frac{1}{3}ml^2$

解得

$$\beta = \frac{3g}{2l}\cos\theta$$

由于随着时间的增加，角度是减小的，所以设杆与竖直方向的夹角为 θ'，将角加速度改写为

$$\beta = \frac{3g}{2l}\cos\left(\frac{\pi}{2} - \theta'\right) = \frac{3g}{2l}\sin\theta'$$

由角加速度定义，可得

$$\frac{3g}{2l}\sin\theta' = \frac{d\omega}{d\theta'}\frac{d\theta'}{dt} = \omega\frac{d\omega}{d\theta'}$$

考虑到在竖直位置 $\theta = \frac{\pi}{2} \leftrightarrow \theta' = 0$，$\omega = 0$，应有下式成立：

$$\int_0^{\omega}\omega d\omega = \frac{3g}{2l}\int_0^{\frac{\pi}{2}-\theta}\sin\theta' d\theta' = \frac{3g}{2l}(1 - \sin\theta)$$

解得

$$\omega = \sqrt{\frac{3g}{l}(1 - \sin\theta)}$$

可见，随着角度 θ 的减小，角加速度和角速度越来越大，直至杆转到水平位置，二者均达到最大值。

如果优先选择机械能守恒定律求解，将非常方便和快捷。以地球和杆为研究对象，选 O 点为重力势能零点（注：**对于有刚体存在的质点系，一般提倡直接选取固定点为重力势能零点，这样，初态和末态的重力势能很容易写出，请读者自行体会**）。由机械能守恒定律，有

$$mg\frac{l}{2} = mg\frac{l}{2}\sin\theta + \frac{1}{2}J\omega^2$$

将 $J = \frac{1}{3}ml^2$ 代入并整理，得

$$\omega = \sqrt{\frac{3g}{l}(1 - \sin\theta)}$$

14. 一质量为 m，长为 l 的均质细杆可绕其一端并与杆垂直的水平轴转动，如图 4.5（主教材图 4.21）所示。开始时杆处在水平位置，然后由静止状

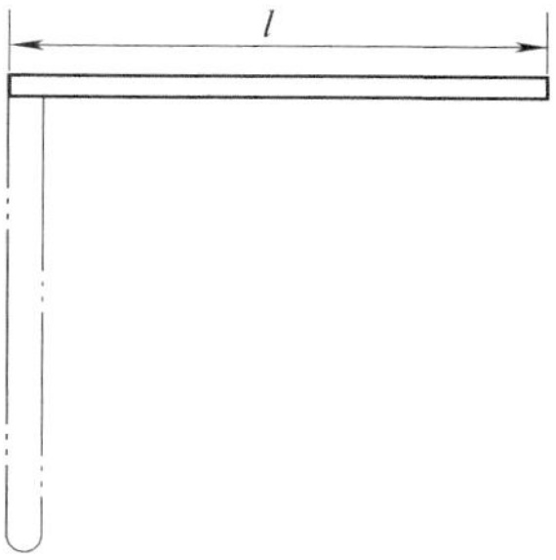

图　4.5

态被释放。求杆转至竖直位置时的转动动能及杆下端的线速度大小。

分析解答：本题与第 13 题极其相似，完全适用于转动定律和机械能守恒定律。当然，用后者求解更方便。选悬挂点为重力势能零点，则该系统初始时刻机械能为零。于是，由机械能守恒定律，应有

$$\frac{1}{2}J\omega^2 - mg\frac{l}{2} = 0$$

式中 $J=\frac{1}{3}ml^2$，则角速度 $\omega=\sqrt{\frac{3g}{l}}$，杆下端的线速度 $v=\omega l=\sqrt{3gl}$。请读者将例 4.3、练习 13、练习 14 联系起来思考，求解此类问题，具体可采取哪些方法？这些处理方法特点是什么？哪种方法更优越？

15. 如图 4.6（主教材图 4.22）所示，质量为 m 的小球系于轻绳一端，以角速度 ω_0 在光滑水平面上作半径为 r_0 的圆周运动。绳的另一端穿过中心小孔并受竖直向下的拉力，当半径变为 $r_0/2$ 时，试求此刻小球速率及拉力在此过程中所做的功。

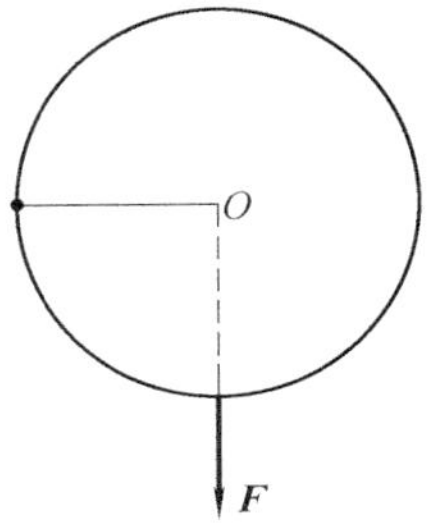

图 4.6

分析解答：在拉力 $\boldsymbol{F}$ 拉小球的过程中，由于拉力 $\boldsymbol{F}$ 通过了轴心，所以小球在水平面上转动的过程中不受外力矩的作用，故其角动量守恒，于是有

$$J_0\omega_0 = J\omega$$

即

$$(mr_0^2)\omega_0 = \left[m\left(\frac{1}{2}r_0\right)^2\right]\omega$$

解得小球的角速度为 $\omega = 4\omega_0$

随着小球转动半径的减小，角速度增加，其转动动能也在增加，这正是拉力 $\boldsymbol{F}$ 做功的结果。于是，由定轴转动的转动动能定理可知

$$A=\frac{1}{2}J\omega^2-\frac{1}{2}J_0\omega_0^2=\frac{1}{2}m\left(\frac{r_0}{2}\right)^2(4\omega_0)^2-\frac{1}{2}mr_0^2\omega_0^2=\frac{3}{2}mr_0^2\omega_0^2$$

进一步地，如果用功的定义（功在直角坐标系下的表示），将圆心想象为坐标原点，沿半径方向为坐标轴正方向，即由圆心指向小球。利用题中所给的条件，能否不用转动动能定理，直接求出拉力 $\boldsymbol{F}$ 做的功？让我们尝试一下：

由角动量守恒定律，得

$$J_0\omega_0 = J\omega = mr^2\omega$$

在运动过程中，依据牛顿第二定律的法向分量式，并借助上述结果，小球在法线方向的合外力的大小可以表示成

$$F_n = m\omega^2 r = m\frac{J_0^2\omega_0^2}{m^2r^4}r$$

这显然是一个随半径变化的变力。由于法线方向与径向（$\overrightarrow{Or}$方向）相反，利用功的直角坐标表示，可将拉力做功写为

$$A = \int_{r_0}^{\frac{r_0}{2}} \left(- m \frac{J_0^2 \omega_0^2}{m^2 r^4} r \right) \mathrm{d}r = \frac{3}{2} m r_0^2 \omega_0^2$$

与前一种解法相比，显然有些麻烦，但从中也能有所收获，至少你能从分析求解的过程中感受到这是变力在做功。

第五章　机 械 振 动

本章知识体系结构图

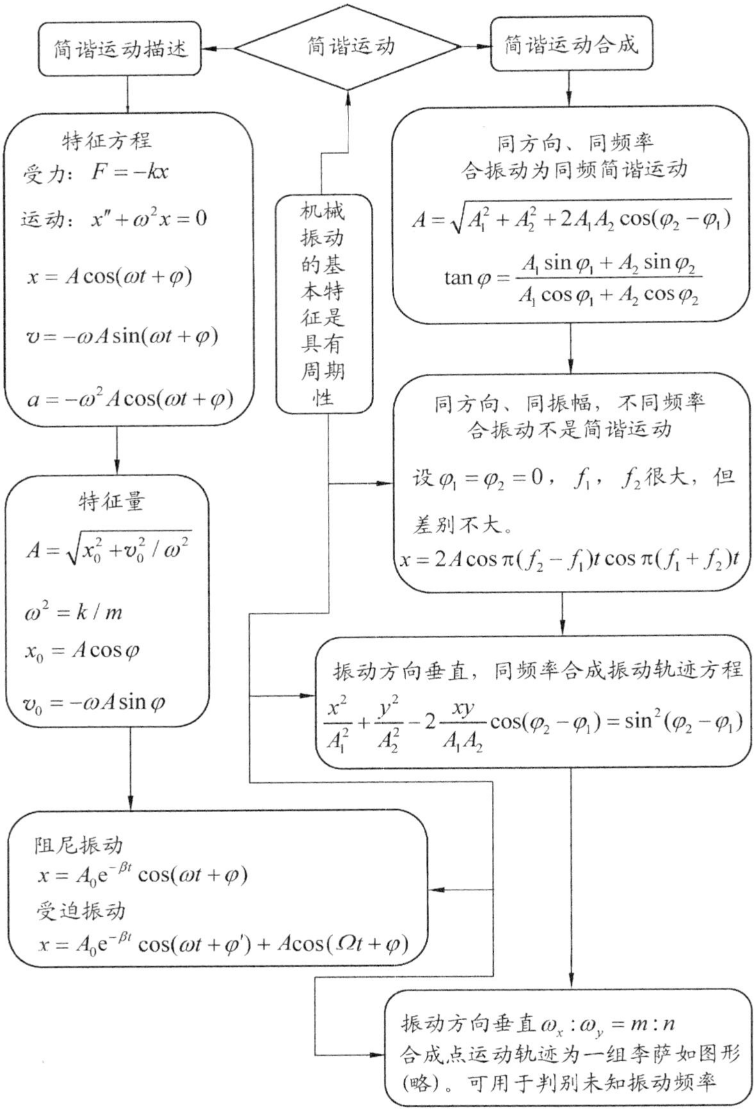

振动是特殊而又普遍存在的一种运动形式。它的特殊性在于该运动具有周期性；它的普遍性体现在该运动广泛存在于日常生活、生产实践以及科学研究等各个领域。从上述知识体系结构图中箭头指向不难发现，简谐运动是我们研究一切复杂运动的基础，这正是运动具有可叠加性的必然结果。因此，研究和讨论简谐运动的特征，掌握简谐运动的叠加方法以及理解常见典型合运动的新特点和新规律，将为应用这些新特点和新规律解决实际问题提供丰富的物质基础，比如求解未知振动的频率和声速测量等，同时，也为后续课程——波动的学习提供强有力的技术支撑。

主要问题的分类及对策

第一类，通过对简谐运动特征物理量的认定或求解，建立简谐运动方程。

这些特征物理量包括振幅、圆频率（角频率）、频率和周期、相位和初相位。一般的求解方法包括：

（1）对比法　将非标准型运动方程与标准型运动方程逐项对比，即可认定各个特征物理量，进而整理出简谐运动方程。

（2）解析法　主要是利用已知的位置初始条件和速度初始条件（x_0、v_0）以及三角函数关系求振幅和初相。

（3）旋转矢量法（参考圆法）　常常用于求初相位或圆频率。利用已知的初始条件（如 x_0，v_0），想象并标出计时开始时刻旋转矢量的所在位置，确认该矢量与振动正方向（x 轴正向或 y 轴正向）的夹角，该夹角在数值上等于对应简谐运动的初相。有时可根据质点所在始末位置和运动的时间，想象并画出旋转矢量转过的角度，由 $\omega t=\Delta\varphi$ 即可求出圆频率。

（4）图像法　由振动图像（振动曲线）中的已知信息直接认定或通过简单的计算求出简谐运动的特征物理量。

第二类，求证一个运动是简谐运动。

我们已经知道，简谐运动的三个特征方程

$$F=-kx \tag{1}$$

$$\frac{d^2x}{dt^2}+\frac{k}{m}x=0 \text{ 或 } x''+\omega^2x=0 \tag{2}$$

$$x=A\cos(\omega t+\varphi) \tag{3}$$

它们的一致性或因果关系是不言自明的。既然是特征方程，它们的每一个具体形式都对应于一个相应的简谐运动，因此，要求证一个具体的运动是简谐运动，只要找到这个运动满足三个特征方程之一，便可认定该运动是简谐运动。我们知道，式（2）和式（3）是式（1）的必然结果，所以，对于求证一个实际的运动是否为简谐运动或近似简谐运动，最直接的方法就是要看它在运动方向上所受的合外力或转轴方向的合外力矩是否具有类似式（1）的形式即可。具体方法和步骤主教材中已有阐述。

第三类，求简谐运动的合运动。

简谐运动的合成应用广泛，各种不同简谐运动的合运动特点各不相同，其实际应用也各有侧重。

1）同方向、同频率两个简谐运动的合运动仍然是同频率的简谐运动。同方向、不同频率两个简谐运动的合运动不是简谐运动，但当两个分运动频率很大，而频率差值不太大时，会伴有拍现象出现。

2）相互垂直的两个简谐运动的合成结果很复杂，最具代表性的有两种情况；一是频率相同的情况，合运动轨迹一般是椭圆；二是频率不同，但成简单的整数比，合运动轨迹构成李萨如图形。

利用合运动的这些特点和规律，可以求未知振动的频率或其他特征物理量，进而找出未知运动的其他信息。

理性解读：**旋转矢量（参考圆）是描述简谐运动的一种等效方法。特点是形象直观、简单易行，可靠性强。它可以绕过求解相关方程，直接求得简谐运动特征物理量，因此，我们提倡用旋转矢量法求解特征物理量，比如初相位或圆频率。绝不可以把旋转矢量的旋转运动认为是简谐运动。各对应物理量所表示的含义完全不同，只是有数值上的一种对应关系。让我们再次重温一下这组对应关系：**

物理量

简谐运动		**旋转矢量**
振幅 ⟵	A	⟶ 矢量大小
角频率 ⟵	ω	⟶ 角速度
初相位 ⟵	φ	⟶ 初始夹角
t 时刻相位 ⟵	$(\omega t+\varphi)$	⟶ t 时刻夹角

温馨提示：**由于简谐运动系统是理想化的封闭系统，所以该系统机械能守恒，即 $E=E_k+E_p=$ 常数，这样 $dE/dt=0$，这是系统作简谐运动的必要条件，但不是充分条件。也就是说，一个系统在运动中机械能守恒，它所作的运动不一定是简谐运动。例如，一弹性极好的皮球在地面上上下跳动，它在空中任意时刻的机械能可以写为 $mgy+mv^2/2=C$，将其对时间求一阶导数后，只能得到 $a=y''=-g$，因此，该运动不是简谐运动。将 $dE/dt=0$ 进一步整理，如果能够得出与 $x''+\omega^2x=0$ 类似的关系，方可认定该系统所作的是简谐运动。对于一个运动**

系统，任意时刻的能量很容易写出，所以用这种方法证明其运动是简谐运动更方便，更简单。

填空题及答案

1. 质点作简谐运动的位移和时间关系曲线如图 5.1 所示，则其振幅为<u>0.10m</u>；初相位为<u>$\pi/3$</u>；角频率为<u>$\pi/6$</u>。

2. 一质点沿 x 轴作简谐运动，振动范围的中心点为 x 轴的原点。已知周期为 T，振幅为 A。（1）若 $t=0$ 时质点过 $x=0$ 处且沿 x 轴正方向运动，则振动方程为<u>$x=A\cos\left(\frac{2\pi t}{T}-\frac{\pi}{2}\right)$</u>。（2）若 $t=0$ 时质点处于 $x=A/2$ 处且朝 x 轴负方向运动，则振动方程为<u>$x=A\cos\left(\frac{2\pi t}{T}+\frac{\pi}{3}\right)$</u>。

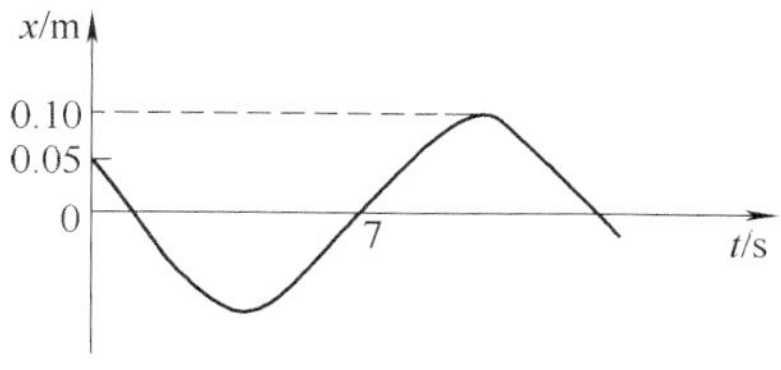

图　5.1

3. 两个同方向、同频率的简谐运动的合运动是<u>简谐振动</u>。

思考与练习解答

1. 周期、频率和角频率这三个量都由什么条件决定？它们之间的关系是什么？

分析解答：这三个物理量均由作简谐运动系统本身的性质决定，也分别称为固有周期、固有频率和固有角频率（固有圆频率）。三者间关系：$\omega=2\pi/T=2\pi f$。

2. 质点作简谐运动，在什么情况下速度和加速度方向相同？

分析解答：因为质点在从正最大位移或负最大位移处向平衡位置运动的 1/4 周期内，速度方向和力的方向是相同的，所以速度和加速度的方向也相同。

3. 当弹簧谐振子的质量 m 增加一倍时，此振动系统的角频率是如何变化的？单摆周期与哪些因素有关？

分析解答：对于弹簧谐振子系统而言，角频率 $\omega=\sqrt{k/m}$，当质量增加一倍时，角频率将变为原来的$\sqrt{2}/2$ 倍。而对于单摆，其周期为 $T=2\pi\sqrt{l/g}$，它与摆锤质量无关，只与摆长和当地的重力加速度有关。

4. 试判断竖直地落在地面上的皮球的运动是否为简谐运动？依据是什么？

分析解答：不是简谐运动。因为皮球在运动过程中，一直受到重力作用，它是恒力，不满足力的大小与位移成正比、力的方向与位移的方向相反这一特点，即 $F=-ky$，所以，皮球的跳动不是简谐运动。

5. 一物体在光滑水平面上作简谐运动，振幅是 12cm，在距平衡位置 6cm 处

速度是 $24\text{cm}\cdot\text{s}^{-1}$，求：（1）周期 T；（2）当速度是 $12\text{cm}\cdot\text{s}^{-1}$时的位移。

分析解答：

（1）设振动方程为 $x=A\cos\omega t$，则 $v=-A\omega\sin\omega t$，在 $x=6\text{cm}$，$v=24\text{cm}\cdot\text{s}^{-1}$状态下，分别有

$$6=12\cos\omega t,\ 24=-12\omega\sin\omega t$$

分别将以上二式两端平方并整理，解得

$$\omega=\frac{4}{\sqrt{3}}\text{rad}\cdot\text{s}^{-1},\ T=\frac{2\pi}{\omega}=\frac{\sqrt{3}\pi}{2}\text{s}=2.72\text{s}$$

（2）设对应于 $v=12\text{cm}\cdot\text{s}^{-1}$的时刻为 t_2，则由 $v=-A\omega\sin\omega t$，可得

$$12=-12\times\frac{4}{\sqrt{3}}\times\sin\omega t_2$$

即
$$\sin\omega t_2=-0.433$$

相应的位移为 $x=A\cos\omega t_2=\pm A\sqrt{1-\sin^2\omega t_2}=\pm10.8\text{cm}$

6. 一质点按如下规律沿 x 轴作简谐运动：$x=0.1\cos(8\pi t+2\pi/3)$(SI)。求此运动的周期、振幅、初相、速度最大值和加速度最大值。

分析解答：对照简谐运动的标准型方程，可以看出，$\omega=8\pi$，因此，周期 $T=2\pi/\omega=0.25\text{s}$；振幅 $A=0.1\text{m}$；初相 $\varphi=2\pi/3$，而速度和加速度的最大值分别为

$$v_{max}=\omega A=0.8\pi\text{m}\cdot\text{s}^{-1}=2.5\text{m}\cdot\text{s}^{-1}$$
$$a_{max}=\omega^2A=6.4\pi^2\text{m}\cdot\text{s}^{-2}=63\text{m}\cdot\text{s}^{-2}$$

7. 如图 5.2（主教材图 5.21）所示，有一弹簧，当下端悬挂一质量为 m 的物体时，弹簧伸长 $2.45\times10^{-2}\text{m}$，若物体上下振动。(1) 振动的频率是多少？(2) 若 $t=0$ 时，物体在平衡位置上方 $8\times10^{-2}\text{m}$ 处由静止开始运动，求振幅、初相和振动方程。(设正方向竖直向下)

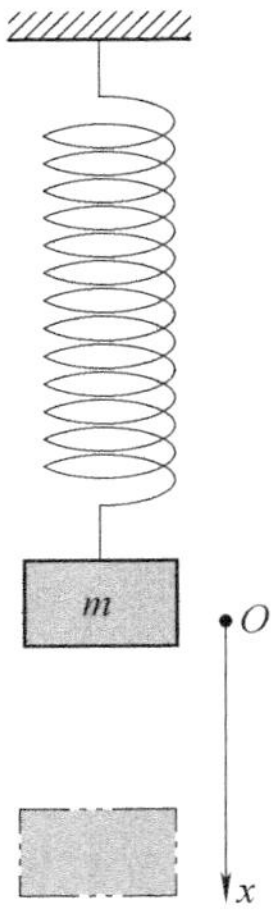

图 5.2

分析解答：

（1）悬挂质量为 m 的物体后，设弹簧伸长为 l_0，则 $mg-kl_0=0$

即
$$\frac{k}{m}=\frac{g}{l_0}=\frac{9.8}{2.45\times10^{-2}}=400$$

角频率
$$\omega=\sqrt{\frac{k}{m}}=20\text{rad}\cdot\text{s}^{-1}$$

频率
$$f=\frac{\omega}{2\pi}=\frac{10}{\pi}\text{s}^{-1}$$

（2）依题意，$t=0$ 时，$x_0=-8\times10^{-2}\text{m}$，$v_0=0$，应有

$$\begin{cases} A\cos\varphi = x_0 = -8\times10^{-2} \\ -A\omega\sin\varphi = v_0 = 0 \end{cases}$$

解得该简谐运动的振幅 $A = \sqrt{x_0^2 + \left(\dfrac{v_0}{\omega}\right)^2} = 8\times10^{-2}\text{m}$

又 $$\tan\varphi = -\frac{v_0}{x_0\omega} = 0$$

所以初相 $$\varphi = \pi$$

振动方程 $$x = 8\times10^{-2}\cos(20t+\pi)\ (\text{SI})$$

用旋转矢量法可直接确认该简谐运动的初相。因为 $t=0$ 时，$x_0 = -8\times10^{-2}\text{m}$，$v_0=0$，对应的旋转矢量一定处在如图 5.3 所示位置，它与坐标轴正向间的夹角为 π，所以，初相 $\varphi=\pi$。

8. 一质量为 m、直径为 D 的塑料圆柱体一部分浸入密度为 ρ 的液体中，另一部分浮在液面上，如图 5.4（主教材图 5.22）所示。如果用手轻轻向下按动圆柱体，放手后圆柱体将上下振动。试证明该振动为简谐运动，并求运动周期（圆柱体表面与液体的摩擦力忽略不计）。

图 5.3

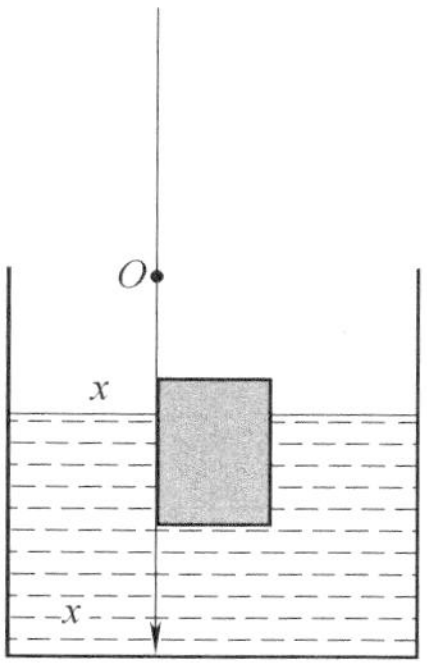

图 5.4

分析解答：以圆柱体平衡时的顶端为坐标原点，竖直向下为正方向，建立 Ox 轴。假设平衡时圆柱体排开液体的体积为 V，则 $\rho gV = mg$，设圆柱体振动起来以后，任意时刻处在 x 点，也就是圆柱体整体下移 x，它受重力和水的浮力，其所受合力为

$$F = mg - \left[V + \pi\left(\frac{D}{2}\right)^2 x\right]\rho g = -\pi\rho g\left(\frac{D}{2}\right)^2 x$$

根据牛顿第二定律，有

$$F = ma = -\pi\rho g\left(\frac{D}{2}\right)^2 x$$

整理得

$$x'' + \omega^2 x = 0 \quad \left(其中\ \omega = \frac{D}{2}\sqrt{\frac{\pi\rho g}{m}}\right)$$

可见，圆柱体所受合外力与位移成正比，而方向相反，因此，圆柱体作简谐运动，其振动周期为 $T = \frac{2\pi}{\omega} = \frac{4}{D}\sqrt{\frac{\pi m}{\rho g}}$。

9. 一质量为10g的物体作简谐运动，其振幅为2cm，频率为4Hz，$t=0$ 时位移为 -2cm，初速度为零。求：（1）运动方程；（2）$t=1/4$s 时物体所受的作用力。

分析解答：

（1）$t=0$ 时，$x_0 = -2\text{cm} = -A$，$v_0 = 0$，由旋转矢量法（见第7题）可知初相 $\varphi = \pi$，角频率 $\omega = 2\pi f = 8\pi \text{rad}\cdot\text{s}^{-1}$，运动方程 $x = 2\times10^{-2}\cos(8\pi t + \pi)$(SI)

（2）将 $t=1/4$s 代入运动方程，$x = -2\times10^{-2}$m，此时，物体所受的作用力

$$F = -kx = -m\omega^2 x = 0.126\text{N}$$

10. 一质量 $m = 0.25$kg 的物体，在弹簧弹力的作用下沿 x 轴运动，平衡位置在原点，弹簧的劲度系数 $k = 25\text{N}\cdot\text{m}^{-1}$。

（1）求运动的周期 T 和角频率 ω。

（2）如果振幅 $A = 15$cm，$t=0$ 时物体位于 $x = 7.5$cm 处，且物体沿 x 轴反向运动，求初速 v_0 及初相 φ。

（3）写出运动方程。

分析解答：

（1）角频率 $\omega = \sqrt{k/m} = 10\text{rad}\cdot\text{s}^{-1}$，而周期 $T = 2\pi/\omega = 0.63$s

（2）$A = 15$cm，在 $t=0$ 时，$x_0 = 7.5$cm，$v_0 < 0$，由 $A = \sqrt{x_0^2 + (v_0/\omega)^2}$ 得

$$v_0 = -\omega\sqrt{A^2 - x_0^2} = -1.3\text{m}\cdot\text{s}^{-1}$$

由旋转矢量法可以想象出，在 $t=0$ 时，$x_0 = 7.5\text{cm} = A/2$，对应的旋转矢量与 x 轴正向的夹角是 $\pi/3$，或 $-\pi/3$，但由于 $v_0 < 0$，初相 φ 一定在第一象限，所以 $\varphi = \pi/3$。

（3）运动方程 $x = 15\times10^{-2}\cos(10t + \pi/3)$(SI)

11. 一质点作简谐运动，其运动方程为 $x = 0.24\cos(\pi t/2 + \pi/3)$(SI)，试用旋转矢量法求出质点由初始状态运动到 $x = -0.12$m，$v < 0$ 的状态所需最短时间 t。

分析解答：如果用解析法求解本题会显得很麻烦，但要用旋转矢量法，会大大简化求解过程。由运动方程不难看出 $\varphi_0 = \pi/3$，对应于这一状态的旋转矢量在第一象限，如图5.5所示。当质点第一次运动到题中所指状态时，即

$$x = -0.12\text{m} = -A/2,\ v < 0$$

对应的旋转矢量应在第二象限，旋转矢量转过 $\pi/3$，而 $\omega = \pi/2$，由 $\Delta\varphi = \pi/3 =$

$\omega\Delta t$，得

$$\Delta t=\frac{\Delta\varphi}{\omega}=0.667\text{s}$$

12. 一质量为 $m=3.0\times10^{-2}$kg 的质点作简谐运动，振动图像如图 5.6（主教材图 5.23）所示，求：

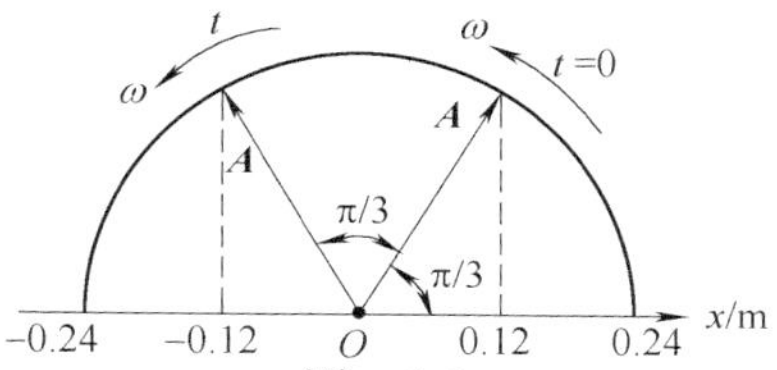

图　5.5

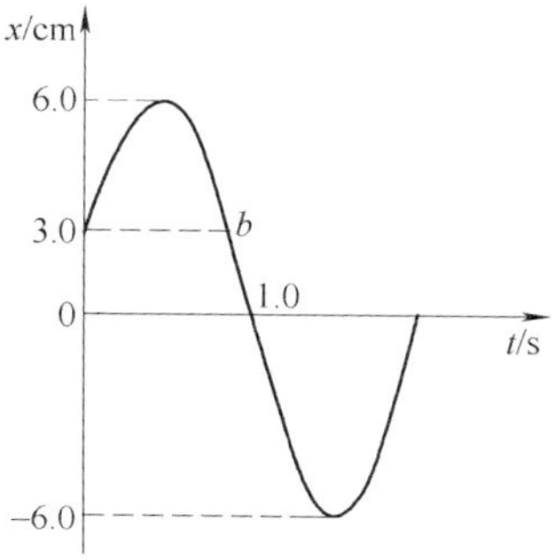

图　5.6

（1）运动方程；

（2）图中 b 点的相位及到达该位置所需的时间。

分析解答：

（1）由图看出，振幅 $A=6\times10^{-2}$m，且 $t=0$ 时，$x_0=A/2$，$v_0>0$ 对应的旋转矢量在第四象限，如图 5.7 所示，由此看出，初相 $\varphi=-\pi/3$，再由振动图像看，质点从初始状态第一次回到平衡位置所用的时间为 $\Delta t=1$s，对应地，在旋转矢量图上看，此时，旋转矢量转过 $\Delta\varphi=5\pi/6$，由 $\Delta\varphi=\omega\Delta t$，得

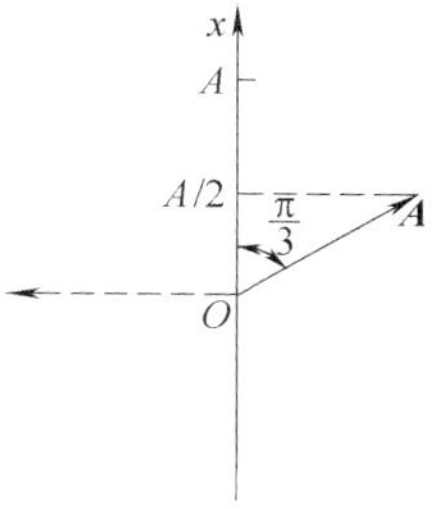

图　5.7

$$\text{角频率 }\omega=\frac{5}{6}\pi\text{，周期 }T=\frac{2\pi}{\omega}=2.4\text{s}$$

因此，简谐运动方程为

$$x=6.0\times10^{-2}\cos\left(\frac{5}{6}\pi t-\frac{\pi}{3}\right)(\text{SI})$$

（2）与上述分析类似，质点运动到 b 点，对应的旋转矢量转过 $\Delta\varphi=2\pi/3$，由 $\Delta\varphi=\omega\Delta t$ 得

$$\Delta t=\frac{\Delta\varphi}{\omega}=0.8\text{s}$$

b 点的相位

$$\varphi=\left(\frac{5\pi}{6}\Delta t-\frac{\pi}{3}\right)=\frac{2\pi}{3}-\frac{\pi}{3}=\frac{\pi}{3}$$

当然，也可以从旋转矢量图上直接看出这一结果。

至此，我们切实感受到了用旋转矢量法处理很多实际问题给我们带来的极大方便，和解析法相比，它的优势相当明显。

13. 一质点作简谐振动，其振动方程为 $x=6.0\times10^{-2}\cos(\pi t/3-\pi/4)$ (SI)。问：(1) 当 x 值为多大时，系统的势能为总能量的一半？

(2) 质点从平衡位置移动到上述位置所需最短时间为多少？

分析解答：(1) 系统振动到任意位置时的势能 $E_P=kx^2/2$，总能量 $E=kA^2/2$，由题意，得

$$\frac{1}{2}kx^2=k\frac{A^2}{4}\rightarrow x=\pm\frac{A}{\sqrt{2}}=\pm4.24\times10^{-2}\text{m}$$

(2) 周期 $T=2\pi/\omega=6\text{s}$

从平衡位置运动到 $x=\pm A/\sqrt{2}$ 的最短时间 t 为 $T/8$，即 $t=0.75\text{s}$。

另外，由旋转矢量法可以想象，质点从平衡位置运动到 $\sqrt{2}A/2$ 处，对应的旋转矢量应转过 $\pi/4$，所用的时间为

$$t=\frac{\Delta\varphi}{\omega}=\frac{\pi}{4}\times\frac{3}{\pi}=0.75\text{s}$$

14. 一弹簧振子沿 x 轴作简谐振动（弹簧为原长时振动物体的位置取作 x 轴原点）。已知振动物体最大位移为 $x_m=0.4\text{m}$ 最大恢复力为 $F_m=0.8\text{N}$，最大速度为 $v_m=0.8\text{m}\cdot\text{s}^{-1}$，又知 $t=0$ 的位移 $x_0=0.2\text{m}$，且初速度与所选 x 轴方向相反。

求：(1) 振动能量；

(2) 此振动的表达式。

分析解答：

(1) 振子在正负最大位移处所受的力最大，即 $A=x_m$，$F_m=kA$，求得 $k=F_m/x_m$。

因此，系统的振动能量

$$E=\frac{1}{2}kx_m^2=\frac{1}{2}F_mx_m=0.16\text{J}$$

(2) 由 $v_m=\omega A$ 可得角频率 $\omega=v_m/A=v_m/x_m=2\pi\text{rad}\cdot\text{s}^{-1}$

由于 $t=0$，$x_0=A\cos\varphi=0.2\text{m}=A/2$，$v_0=-A\omega\sin\varphi<0$，由旋转矢量法或解析法均可得到初相 $\varphi=\pi/3$，则振动表达式（系统的振动方程或运动方程）为

$$x=0.4\cos\left(2\pi t+\frac{\pi}{3}\right)\text{(SI)}$$

15. 两个同方向简谐运动的运动方程分别为

$$\begin{cases}x_1=5\times10^{-2}\cos\left(10t+\dfrac{3\pi}{4}\right)\\x_2=6\times10^{-2}\cos\left(10t+\dfrac{\pi}{4}\right)\end{cases}\quad\text{(SI)}$$

求合振动方程。

分析解答：可以看出，这是两个同方向、同频率的简谐运动。依据合振动的振幅及初相公式可得

$$\begin{aligned}A &= \sqrt{A_1^2 + A_2^2 + 2A_1A_2\cos\Delta\varphi}\\ &= \sqrt{5^2 + 6^2 + 2\times5\times6\times\cos\left(\frac{3\pi}{4}-\frac{\pi}{4}\right)}\times10^{-2}\text{m}\\ &= 7.81\times10^{-2}\text{m}\end{aligned}$$

$$\varphi = \arctan\frac{5\sin\left(\frac{3\pi}{4}\right)+6\sin\left(\frac{\pi}{4}\right)}{5\cos\left(\frac{3\pi}{4}\right)+6\cos\left(\frac{\pi}{4}\right)} = 84.8° = 1.48\text{rad}$$

所求的合成振动方程为

$$x = 7.81\times10^{-2}\cos(10t+1.48)\,(\text{SI})$$

16. 一物体同时参与两个同方向的简谐运动

$$\begin{cases}x_1 = 0.04\cos\left(2\pi t+\frac{\pi}{2}\right)\\ x_2 = 0.03\cos(2\pi t+\pi)\end{cases}(\text{SI})$$

求此物体的振动方程。

分析解答：合运动一定是同频率的简谐运动，设其振动方程为 $x = A\cos(\omega t+\varphi)$，将 $A_1 = 4\text{cm}$，$A_2 = 3\text{cm}$，$\varphi_2-\varphi_1 = \pi-\pi/2 = \pi/2$ 代入下式

$$A^2 = A_1^2 + A_2^2 + 2A_1A_2\cos(\varphi_2-\varphi_1)$$

得

$$A = \sqrt{4^2+3^2} = 5\text{cm}$$

又 $\varphi = \arctan\dfrac{A_1\sin\varphi_1 + A_2\sin\varphi_2}{A_1\cos\varphi_1 + A_2\cos\varphi_2} \approx 127° \approx 2.22\text{rad}$

因此，合运动的运动方程为

$$x = 0.05\cos(2\pi t+2.22)\,(\text{SI})$$

17. 如图 5.8（主教材图 5.24）所示，质量为 10g 的子弹，以 $1000\text{m}\cdot\text{s}^{-1}$ 的速度射入木块并嵌在木块中，使弹簧压缩并进而作简谐振动。若木块质量为 4.99kg，弹簧的劲度系数为 $8\times10^3\text{N}\cdot\text{m}^{-1}$，求振动的振幅。

分析解答：在子弹打进木块瞬间，子弹、木块系统在水平方向所受外力为零，系统在该方向的动量守恒，以子弹运动方向为正方向，依据动量守恒定律，有

$$mv_0 = (m+m')v$$

解得系统开始作简谐运动的初速度

$$v=\frac{m}{m+m'}v_0=\frac{10\times10^{-3}}{0.01+4.99}\times10^3\mathrm{m\cdot s^{-1}}=\frac{10^{-2}}{5}\times10^3\mathrm{m\cdot s^{-1}}=2\mathrm{m\cdot s^{-1}}$$

此后，系统的机械能守恒，即

$$\frac{1}{2}(m+m')v^2=\frac{1}{2}kA^2$$

由此，求得简谐运动的振幅为

$$A=\sqrt{\frac{m+m'}{k}}v=\sqrt{\frac{5}{8\times10^3}}\times2\mathrm{m}=0.05\mathrm{m}$$

18. 如图5.9（主教材图5.25）所示，质量为100g的小球，以100m·s⁻¹的速度撞向木块并弹回，使弹簧压缩并进而作简谐振动。若小球弹回的速度为50m·s⁻¹,木块质量为5.0kg，弹簧的劲度系数为8×10³N·m⁻¹，求振动的振幅。

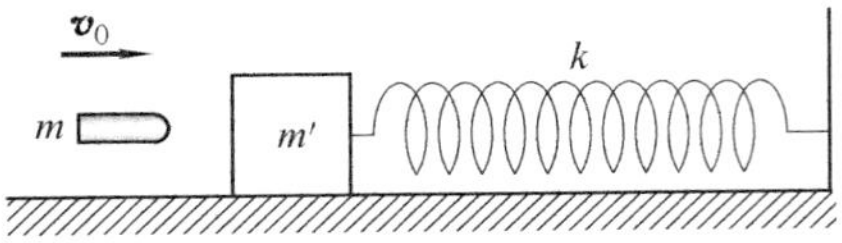

图 5.8

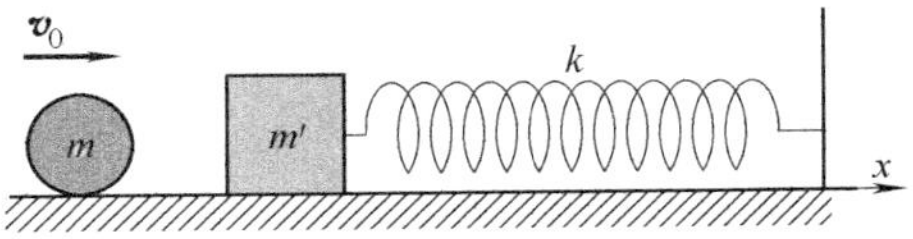

图 5.9

分析解答：类似前面的分析，依然设小球运动方向为正方向，$mv_0=m'v'-mv_1$

解得木块弹簧系统的运动速度为

$$v'=\frac{m(v_0+v_1)}{m'}=\frac{10\times10^{-2}\times(100+50)}{5.0}\mathrm{m\cdot s^{-1}}=\frac{15}{5.0}\mathrm{m\cdot s^{-1}}=3\mathrm{m\cdot s^{-1}}$$

而由$\frac{1}{2}m'v'^2=\frac{1}{2}kA^2$，解得该系统作简谐运动的振幅为

$$A=\sqrt{\frac{m'}{k}}v'=\sqrt{\frac{5.0}{8\times10^3}}\times3\mathrm{m}=0.075\mathrm{m}$$

第六章　机　械　波

本章知识体系结构图

波动特征量： 波长、周期、波速

波函数 $y = A\cos\left[\omega\left(t - \dfrac{x - x_0}{\pm u}\right) + \varphi\right]$

$$y = A\cos\left[2\pi\left(\frac{t}{T} - \frac{x - x_0}{\pm\lambda}\right) + \varphi\right]$$

波的能量和能流

$$\mathrm{d}E = (\rho \mathrm{d}V)A^2\omega^2\sin^2\left[\omega\left(t - \frac{x}{u}\right)\right]$$

$$\boldsymbol{I} = \frac{1}{2}\rho A^2\omega^2\boldsymbol{u}$$

能量通过质点间的弹性连接依次沿波的传播方向传递

波的干涉

干涉条件：振动方向相同，频率相同，相位差恒定。

干涉结果：$A = \sqrt{A_1 + A_2 + 2A_1A_2\cos\Delta\varphi}$

$$\Delta\varphi = \varphi_2 - \varphi_1 - 2\pi\frac{r_2 - r_1}{\lambda}$$

$\Delta\varphi = \pm 2k\pi \quad (k = 0, 1, 2, \cdots) \qquad A = A_1 + A_2$

$\Delta\varphi = \pm(2k+1)\pi \quad (k = 0, 1, 2, \cdots) \qquad A = |A_1 - A_2|$

驻　波

驻波的形成：由振幅相等、传播方向相反的两列相干波叠加而成。

驻波方程：$y = 2A\cos\left(2\pi\dfrac{x}{\lambda}\right)\cos(\omega t)$

驻波的特点：振幅在 $0 \sim 2A$ 间周期性变化；两波节间相位相同，波节两侧相位相反；能量在波节和波腹间传递，不向单一方向传播。

实际上，振源周围弹性介质的存在，总是要将这种振动信息通过介质的弹性连接传播开去，从而产生波动。也就是说，振动的相位、位移、速度、加速度和能量等信息是由振源周围介质间的弹性相互作用依次有序来传递的。因此，建立描述波动规律的波函数，研究两列或多列波在介质中相遇时的干涉结果，以及探索干涉现象在日常生活、生产实践和科学测量等领域的有效利用便成为我们的主要任务。

主要问题的分类及对策

第一类，建立波函数。

1）已知振源点或波线上某一点的振动规律（运动方程），把握行波在传播过程中，沿着波的传播方向相位依次落后这一特点，直接写出波函数。

2）观察某一点振动的振动曲线或波形图，利用曲线或图中给出的各种有效信息，求出波动的特征物理量，根据波的传播方向建立波函数。

第二类，求解波的干涉结果。

满足干涉条件的两列波在相遇时，在相遇区域各点会产生稳定的强弱分布。振动的强弱由传到该点时各分振动的振幅和各分振动引起的总相位差决定。总相位差由下式计算：

$$\Delta\phi_{21} = \varphi_2 - \varphi_1 - 2\pi\frac{r_2 - r_1}{\lambda}$$

它分别由两列波的初相差 $\varphi_2 - \varphi_1$ 和两列波传到该相遇点波程差引起的相位差 $-2\pi(r_2 - r_1)/\lambda$ 共同决定。

当 $\Delta\phi_{21} = \pm 2k\pi \quad (k=0,1,2,\cdots)$ 时，合振动振幅最大，即 $A = A_1 + A_2$；

当 $\Delta\phi_{21} = \pm(2k+1)\pi \quad (k=0,1,2,\cdots)$ 时，合振动振幅最小，即 $A = |A_1 - A_2|$；

当 $\Delta\phi_{21} \neq k\pi$ 时，其合振动的振幅介于最大和最小之间。这里，稳定的强弱分布就是指各点振动的合振幅不随时间而改变，而是定值。

理性解读：**1）行波在传播的过程中能量随位置和时间的分布特点和能量的传递过程（参照教材第三节 波的能量）在主教材中已有讲述。**

2）一切有边界的振动总会在边界之间形成驻波。与行波相比，其特点是，驻波的能量仅在两个相邻波节间相互转换，并不向单一方向传播；从驻波方程直接可以看出：驻波的振幅在 $0 \sim 2A$ 间作周期性变化；波节点两侧相位总是相反的，相邻波节间相位相同。

温馨提示：**为快捷、准确地建立波函数，从时间上衡量，应当把握：当波正向传播时，波所传到的某一点 t 时刻接收的应该是振动已知点在 $t-(x-x_0)/u$ 那一刻的信息；当波反向传播时，波所传到的某一点 t 时刻接收的应该是振动已知点在 $t+(x-x_0)/u$ 那一刻的信息（x_0 是振动已知点的坐标）；从相位上衡量，**

应当把握：在波的传播方向上相位总是依次落后的，即波先后到达两点间的相位差总是大于零的。

问题讨论

问题1：你可能到过音乐厅听音乐或去过礼堂听报告，其内部装饰都很别致。你能从声学的角度解释这是为什么吗？

分析解答：这种设计绝不仅仅是为了美观，更主要的目的是为了有效防止因声波在反射后与原声波干涉产生的后果，即有些地方声音效果不佳，而有些地方却声强刺耳，或因声波在边界连续反射后叠加造成的音效混乱。

问题2：由例题6.4的解题过程，能谈一谈消声（以声治声）的办法吗？

分析解答：正是由于两列波相遇产生的相位差受波程差的影响，所以根据声波的波长，将同一声源发出的声波分为两束或多束，改变它们的传播路径，进而改变波程差，最终根据实际需要实现调节声强的目的。消音器就是根据这一原理制成的。也可以像例题6.4那样，另外再发射一列波，恰当选择两个波源的距离，以实现波的全程干涉相消或相长，从而实现以声治声的目的。

填空题及答案

1. 频率为700Hz，其波速为$3500\mathrm{m\cdot s^{-1}}$，相位差为$2\pi/3$的两点间距离为<u>1.67m</u>。

2. 在简谐波的波线上，相距0.5m两点的振动相位差为$\pi/6$，又知振动周期为0.2s，则波长为<u>6m</u>，波速为<u>$30\mathrm{m\cdot s^{-1}}$</u>。

3. 如图6.1所示，一列余弦横波以速度$\boldsymbol{u}$沿x轴正方向传播，试分别在图中画出A、B、C各质点在此处的运动方向。

结果如图6.2所示。

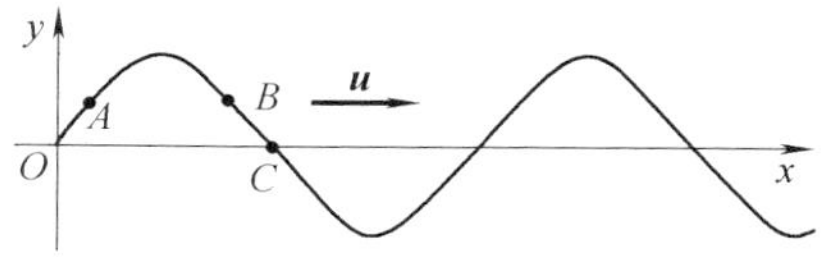

图　6.1

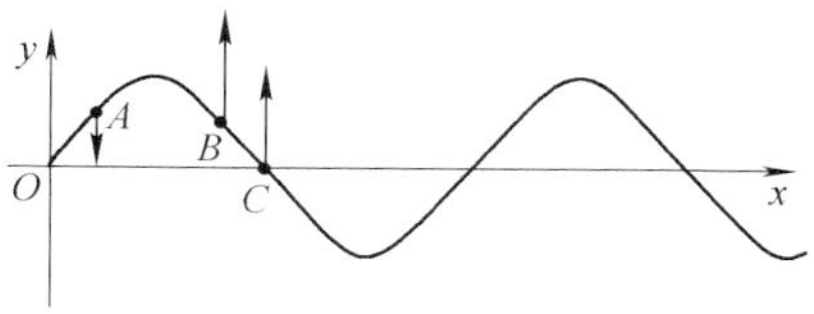

图　6.2

思考与练习解答

1. 波的干涉条件是什么？

分析解答：振动方向相同、频率相同、相位相同或相位差恒定称为波的相干三条件。当两列波同时满足这三个条件时，相遇后，产生的相位差恒定，所以质点参与合振动的振幅会形成稳定的分布。否则，叠加后振动的振幅将会是随时间变化的，这样的叠加称为非相干叠加。

2. 波动和振动有什么区别和联系？驻波是怎样产生的，它与行波有何区别？

分析解答：就机械波而言，要使振动传播，必须有振源和弹性介质。波动是波源的振动信息的传播，如相位、位移、速度、加速度和能量等信息在介质中的传播。它是通过介质中质点间的弹性作用将信息传播出去的，从而使每个质点都在自己的平衡位置附近作与波源同频率的往复运动，而并不随波的传播方向前进。

驻波由振幅相同、传播方向相反的两列相干波叠加而成。与行波相比，驻波的振幅在 $0\sim 2A$ 之间作周期性变化；驻波的能量不向某一特定方向流动或传播，仅仅在两个波节之间实现动能和势能的相互转换；驻波的相邻波节之间相位总是相同的，而一个波节点两侧相位总是相反的。因此，“驻波”不是我们通常意义上的波动，而是具有上述特点的集体分段振动。

3. 在波动方程 $y=A\cos[\omega(t-x/u)+\varphi]$ 中，x/u 的意义是什么？$\omega x/u$ 的意义又是什么？

分析解答：波动方程或波函数反映了波的传播方向上任意一个质点在任一时刻离开平衡位置的位移。其中的 x/u 为波从原点 O 处传到 x 处所需的时间；$\omega x/u$ 表示距原点为 x 处质点比原点处质点落后的振动相位，或称原点处的质点与 x 处质点间的相位差。总之，对于行波而言，在波的传播方向上，相位总是依次落后的。

4. 机械波的表达式为 $y=0.03\cos[6\pi(t+0.01x)+\pi/3]$ (SI)，角频率和波速各为多少？另有一平面简谐波函数 $y=0.03\cos[2\pi(t+0.01x)+\pi/3]$ (SI)，周期和波长各为多少？

分析解答：将波函数整理成标准形式为

$$y=0.03\cos\left[6\pi\left(t+\frac{x}{100}\right)+\frac{\pi}{3}\right]$$

与 $y=A\cos[\omega(t-x/\pm u)+\varphi]$ 对比可知，角频率 $\omega=6\pi\text{rad}\cdot\text{s}^{-1}$，波速 $u=100\text{m}\cdot\text{s}^{-1}$。

将另一平面简谐波函数整理成标准形式为

$$y=0.03\cos\left[2\pi\left(t+\frac{x}{100}\right)+\frac{\pi}{3}\right]$$

与 $y=A\cos\left[2\pi\left(\frac{t}{T}-x/\pm\lambda\right)+\varphi\right]$ 对比可知，周期 $T=1\text{s}$，波长 $\lambda=100\text{m}$。

5. 如图 6.3（主教材图 6.28）所示。图 6.3a 表示 $t=0$ 时的简谐波的波形图，波沿 x 轴正方向传播。图 6.3b 为一质点的振动曲线图。则图 6.3a 中所表示的 $x=0$ 处质点振动的初相位与图 6.3b 所表示的质点振动的初相位分别为多少？

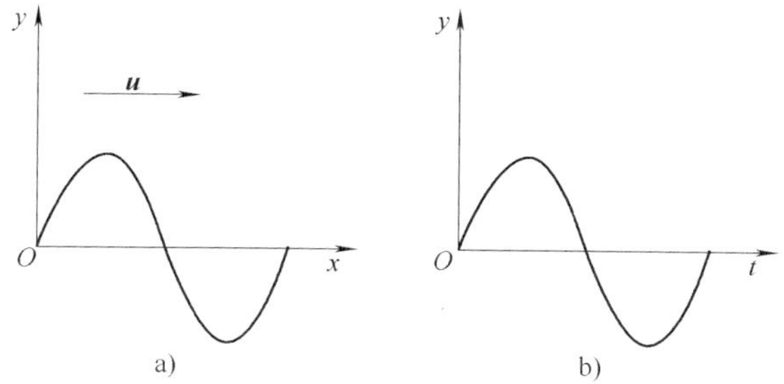

图 6.3

分析解答：从图 6.3a 可以看出，由于波沿 x 轴正向传播，$x=0$ 处的质点通过平衡位置，向 y 轴的反方向运动，即 $y_0=0$，$v_0<0$，对应的旋转矢量 $\boldsymbol{A}_1$ 在图 6.4 所示位置。所以该处质点的振动初相位 $\varphi_0=\pi/2$，从图 6.3b 看出，该质点通过平衡位置向 y 轴正方向运动，即 $y_0=0$，$v_0>0$，对应的旋转矢量 $\boldsymbol{A}_2$ 在图 6.4 所示位置。因此，该质点振动初相位 $\varphi_0=-\pi/2$ 或 $\varphi_0=3\pi/2$。

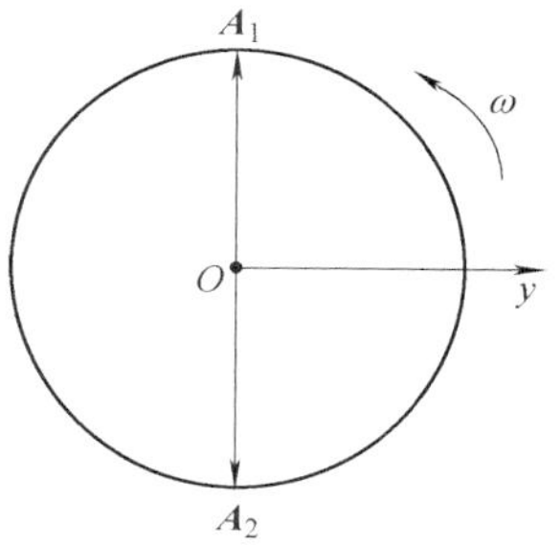

图 6.4

6. 图 6.5（主教材图 6.29）所示为一平面简谐波在 $t=0$ 时的波形图，该波的波速 $u=200\text{m}\cdot\text{s}^{-1}$，那么 P 处质点的振动曲线为图 6.6（主教材图 6.30）中哪一个？

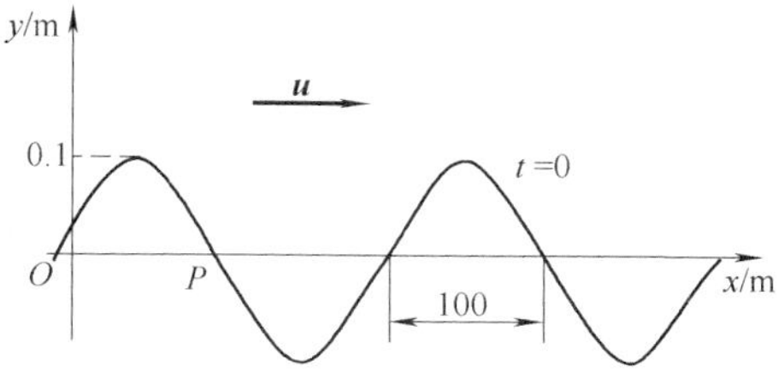

图 6.5

分析解答：从给出的波形图看出，波沿 x 轴正方向传播，则 P 点应通过平衡位置向 y 轴正方向运动，且由于波速 $u=200\text{m}\cdot\text{s}^{-1}$，波长 $\lambda=200\text{m}$，则波的周期，也就是 P 点振动的周期 $T=1\text{s}$，再看图 6.6 中四个振动曲线，只有 C 是正确的。

7. 一平面简谐波在介质中以速度 $u=20\text{m}\cdot\text{s}^{-1}$沿 x 轴负方向传播，如图 6.7（主教材图 6.31）所示，已知 P 点的振动表达式是 $y_P=3\cos(4\pi t)$，式中 y 以 m 计，t 以 s 计。

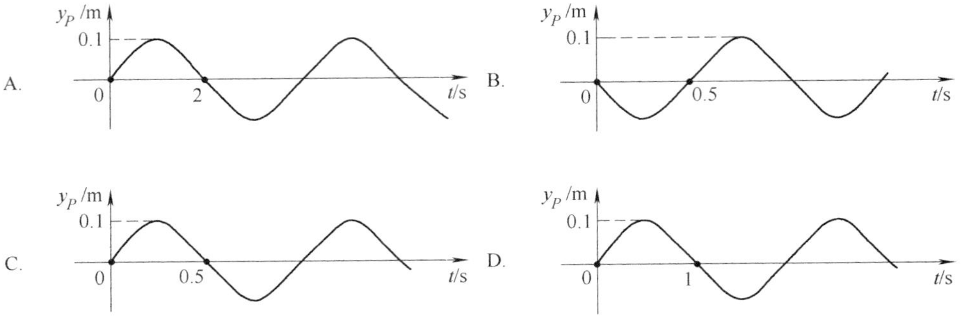

图 6.6

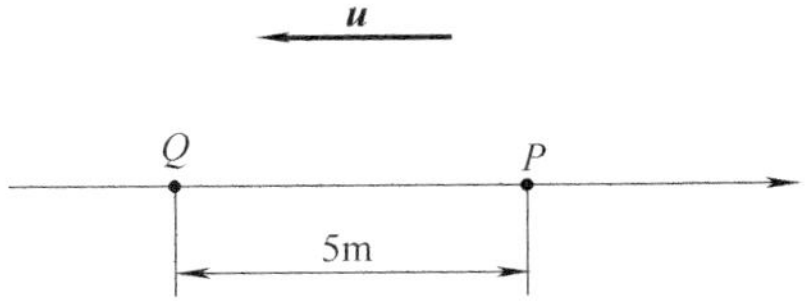

图 6.7

(1) 以 P 点为坐标原点写出波函数;
(2) 以距 P 点 5m 处的 Q 点为坐标原点写出波函数。

分析解答:

(1) 根据波函数的标准型

$$y=A\cos\left[\omega\left(t-\frac{x-x_0}{\pm u}\right)+\varphi\right]$$

波沿 x 轴负方向传播，且以 P 点为坐标原点，即 $x_0=0$ 代入上式得

$$y=3\cos4\pi\left(t+\frac{x}{20}\right)\text{m}$$

(2) 当以 Q 点为坐标原点时，振动已知点 P 的坐标为 $x_0=5\text{m}$，代入波函数中，可以得到波函数为

$$y=3\cos4\pi\left(t+\frac{x-5}{20}\right)=3\cos\left[4\pi\left(t+\frac{x}{20}\right)-\pi\right]$$

另外，也可以将 Q 点的坐标 $x_Q=-5\text{m}$ 代入 (1) 的波函数中，先求 Q 点的振动方程为

$$y_Q=3\cos4\pi\left(t-\frac{5}{20}\right)=3\cos\ (4\pi t-\pi)$$

之后再以 Q 点为原点，类似和 (1) 中同样的考虑，可得波函数为

$$y=3\cos\left[4\pi\left(t+\frac{x}{20}\right)-\pi\right]$$

比较这两种方法可知，前一种方法比较简捷。其实，就是简单的坐标变换。

8. 一平面简谐波沿 x 轴正向传播，波速为 $u=200\text{m}\cdot\text{s}^{-1}$，频率为 $f=10\text{Hz}$，已知在 $x=5\text{m}$ 处的质点 P 在 $t=0.05\text{s}$ 时刻的振动状态是，位移为 $y_P=0$，速度为 $v_P=4\pi\text{m}\cdot\text{s}^{-1}$，求此平面波的波函数。

分析解答：由于波是正向传播，波函数应写成 $y=A\cos[\omega(t-x/u)+\varphi]$，其中

$$\omega = 2\pi f = 20\pi, \ u = 200\text{m} \cdot \text{s}^{-1}$$

得到

$$A = \sqrt{y_P^2 + \frac{v_P^2}{\omega^2}} = 0.2\text{m}$$

将初始条件 $t = 0.05\text{s}$，$x = 5\text{m}$，$y_P = 0$，$v_P = 4\pi\text{m} \cdot \text{s}^{-1}$代入速度表达式和运动方程，有

$$4\pi = -20\pi A\sin\left[20\pi\left(0.05 - \frac{5}{200}\right) + \varphi\right]$$

$$0 = A\cos\left[20\pi\left(0.05 - \frac{5}{200}\right) + \varphi\right]$$

得 $\sin(\pi/2 + \varphi) = -1$，由于周期为 0.1s，$t = 0.05\text{s}$ 不到一个周期，所以应有 $\pi/2 + \varphi = 3\pi/2$，$\varphi = \pi$，波函数为

$$y = 0.2\cos\left[20\pi\left(t - \frac{x}{200}\right) + \pi\right]$$

9. 沿绳子传播的平面简谐波的波动方程为 $y = 0.05\cos(5\pi t - 4\pi x)$，式中 x，y 以 m 计，t 以 s 计。求：(1) 波的振幅、波速、频率和波长；(2) $x = 0.2\text{m}$ 处质点在 $t = 1\text{s}$ 时的相位。它是原点处质点在哪一时刻的相位？

分析解答：

(1) 将波函数整理，有 $y = 0.05\cos(5\pi t - 4\pi x)$
$= 0.05\cos 5\pi(t - x/1.25)$

得到

$A = 0.05\text{m}$，$\omega = 5\pi$，$f = 2.5\text{Hz}$，$T = 0.4\text{s}$，$u = 1.25\text{m} \cdot \text{s}^{-1}$，$\lambda = uT = 0.5\text{m}$

(2) 该波相位 $\varphi = 5\pi t - 4\pi x$，将 $t = 1\text{s}$，$x = 0.2\text{m}$ 代入得 $\varphi = 4.2\pi$，在原点处，应有 $x = 0$，代入得 $5\pi t = 4.2\pi$，解得 $t = 0.9\text{s}$。

10. 某质点作简谐振动，周期为 2s，振幅为 0.06m，初始（$t = 0$）时刻，质点恰好在 $A/2$ 处，且向轴的正方向运动。求：(1) 该质点的振动方程；(2) 此振动以速度 $u = 2\text{m} \cdot \text{s}^{-1}$ 沿 x 轴正方向传播时，形成的平面简谐波的波函数；(3) 该波的波长。

分析解答：

(1) 由题中所给的已知条件可以求得该简谐运动的角频率 $\omega = 2\pi/T = \pi$，振幅 $A = 0.06\text{m}$。又因为 $t = 0$ 时，质点恰好处在 $A/2$ 处，即 $y_0 = 0.03 = 0.06\cos\varphi$，质点向负方向运动，即 $v_0 = -0.06\pi\sin\varphi < 0$，所以，由旋转矢量法可以直接判定，初相 $\varphi = \pi/3$。

质点的振动方程为

$$y_0 = 0.06\cos\left(\pi t + \frac{\pi}{3}\right)(\text{SI})$$

(2) 以该质点的平衡位置为坐标原点，振动的传播速度方向为坐标轴正方

向，则波函数为

$$y=A\cos\left[\pi\left(t-\frac{x}{u}\right)+\varphi\right]=0.06\cos\left[\pi\left(t-\frac{x}{2}\right)+\frac{\pi}{3}\right](\text{SI})$$

（3）波长 $\lambda=uT=4\text{m}$。

11. 如图 6.8（主教材图 6.32）所示为一平面简谐波在 $t=0$ 时刻的波形图，求：（1）该波的波动表达式；（2）P 处质点的振动方程。

分析解答：（1）从图中看出，O 处质点，$t=0$ 时

$$y_0=A\cos\varphi=0,\ v_0=-A\omega\sin\varphi>0$$

由旋转矢量法，可以想象，对应的旋转矢量应该在如图 6.9 所示位置，因此，该处质点作简谐运动的初相位是

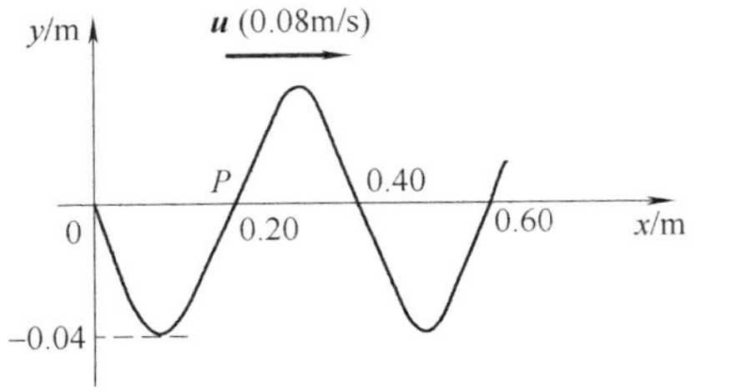

图 6.8

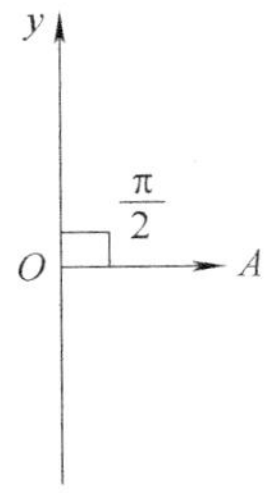

图 6.9

$$\varphi=-\frac{\pi}{2}$$

而波的周期为

$$T=\frac{\lambda}{u}=\frac{0.40}{0.08}\text{s}=5\text{s}$$

故波动表达式为

$$y=0.04\cos\left[2\pi\left(\frac{t}{5}-\frac{x}{0.4}\right)-\frac{\pi}{2}\right](\text{SI})$$

（2）将 P 点的坐标直接代入上述波动表达式，即可得到该点的振动方程

$$y_P=0.04\cos\left[2\pi\left(\frac{t}{5}-\frac{0.2}{0.4}\right)-\frac{\pi}{2}\right]=0.04\cos\left(0.4\pi t-\frac{3\pi}{2}\right)(\text{SI})$$

12. 一横波沿绳子传播，其波的表达式为

$$y=0.05\cos(100\pi t-2\pi x)(\text{SI})$$

求：（1）此波的振幅、波速、频率和波长；（2）$x_1=0.2\text{m}$ 处和 $x_2=0.7\text{m}$ 处两质点振动的相位差。

分析解答：（1）已知波的表达式（波函数）$y=0.05\cos(100\pi t-2\pi x)$，针对初相位 $\varphi=0$，其波函数的标准形式可写为

$$y=A\cos2\pi\left(\frac{t}{T}-\frac{x}{\lambda}\right)\text{或 }y=A\cos\left(2\pi ft-\frac{2\pi x}{\lambda}\right)$$

将给出的波函数与波函数的标准型比较得

振幅 $A=0.05\text{m}$，频率 $f=50\text{Hz}$，波长 $\lambda=1.0\text{m}$，波速 $u=50\text{m}\cdot\text{s}^{-1}$

（2）由波函数的标准型可知，一列行波先后到达的两点，其相位差为

$$\Delta\varphi_{12}=\frac{\omega\Delta x_{21}}{u}\text{或}\ \Delta\varphi_{12}=\frac{2\pi\Delta x_{21}}{\lambda}$$

其中，$\Delta x_{21}=x_2-x_1$。将 $x_2=0.7\text{m}$，$x_1=0.2\text{m}$ 代入，得该两点间的相位差为 π，即前一点的相位比后一点的相位超前 π。

13. 已知一平面简谐波的表达式为 $y=0.25\cos(125t-0.37x)$（SI）。求：（1）$x_1=10\text{m}$，$x_2=25\text{m}$ 两点处质点的振动方程；（2）x_1，x_2 两点间的振动相位差；（3）求 x_1 点在 $t=4\text{s}$ 时的振动位移。

分析解答：

（1）将两点的坐标分别代入题中所给波函数，即可求出两点的振动方程。因此

$x_1=10\text{m}$ 处的振动方程为 $y|_{x=10}=0.25\cos(125t-3.7)$（SI）

$x_2=25\text{m}$ 处的振动方程为 $y|_{x=25}=0.25\cos(125t-9.25)$（SI）

（2）x_1 与 x_2 两点间的相位差 $\Delta\varphi=\varphi_2-\varphi_1=-5.55\text{rad}$ 或 $\varphi_1-\varphi_2=5.55\text{rad}$

（3）x_1 点在 $t=4\text{s}$ 时的振动位移 $y=0.25\cos(125\times4-3.7)\text{m}=0.249\text{m}$

14. 一简谐波沿 x 轴负方向传播，波速为 $1\text{m}\cdot\text{s}^{-1}$，在 x 轴上某质点的振动频率为 1Hz，振幅为 0.01m。$t=0$ 时该质点恰好在正向最大位移处。若以该质点所在点为原点。求此一维简谐波函数。

分析解答：由题中给出的已知条件，可得到以下各物理量：

振幅 $A=0.01\text{m}$，波长 $\lambda=u/f=1\text{m}$，$T=1\text{s}$，由于 $t=0$ 时，$x=0$ 处的质点处在正最大位移处，由旋转矢量法看出，它的初相 $\varphi=0$。而波沿轴的负方向传播，由此可得波函数

$$y=A\cos2\pi\left(\frac{t}{T}+\frac{x}{\lambda}\right)=0.01\cos2\pi(t+x)\ \text{(SI)}$$

15. 如图 6.10（主教材图 6.33）所示，一平面简谐波沿 Ox 轴正向传播，波函数为 $y=A\cos[2\pi(ft-x/\lambda)+\varphi]$（SI），求：（1）$P$ 处质点的振动方程；（2）该质点的速度表达式与加速度表达式。

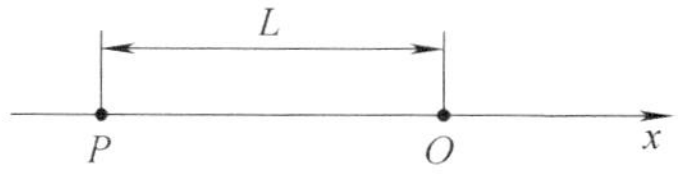

图 6.10

分析解答：

（1）将 P 处质点的坐标为 $x_P=-L$ 代入已知的波函数中，可得振动方程

$$y_P=A\cos\left[2\pi\left(ft-\frac{-L}{\lambda}\right)+\varphi\right]=A\cos\left[2\pi\left(ft+\frac{L}{\lambda}\right)+\varphi\right]\ \text{(SI)}$$

（2）速度表达式为 $v_P = -2\pi f A\sin\left[2\pi\left(ft+\dfrac{L}{\lambda}\right)+\varphi\right]$(SI)

加速度表达式为 $a_P = -4\pi^2 f^2 A\cos\left[2\pi\left(ft+\dfrac{L}{\lambda}\right)+\varphi\right]$(SI)

16. 如图6.11a（主教材图6.34）所示。同一介质中两相干波源位于 A、B 两点，其振幅相等，频率均为100Hz，B 的相位比 A 的相位超前 π。若 A、B 两点相距30m，且波的传播速度 $u=400\mathrm{m\cdot s^{-1}}$，以 A 为坐标原点，试求 AB 连线上因干涉而静止的各点的位置。

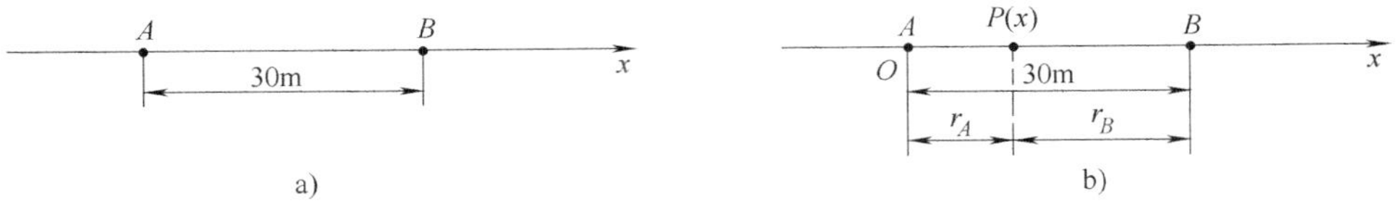

图 6.11

在求解本题之前，有必要明确一个问题。在建立波函数时，我们针对的都是最理想的平面简谐波，因此，用一条波线上的一个波函数即可表征整列平面简谐波的传播规律。也正因为如此，我们才建立一维坐标系，并以坐标 x 表示波线上波到达的各点位置。而在研究波的干涉结果时，我们将不再沿用坐标 x 表示波传到的各点位置，而改用距离 r 表示波到达的位置，原因很明显：其一，对于干涉问题，事先都要给出发生干涉的两列波的相关信息，如振幅、频率、初相位（或初相位差），当然也包括波的传播方向等，这就相当于波函数是已知的，再用 x 表示波到达的位置已经没有必要；其二，当两列波干涉时，干涉点不一定在两个波源的连线上，这样，再用 x 表示波到达的位置已经不再可能，或者说没有意义，除非干涉点与两个波源同在一条直线上，如本题将要讨论的 A、B 两点间的干涉。

分析解答：假设 P 点因干涉而静止，两列波到达该点，产生的相位差应该满足如下条件

$$\Delta\varphi_{BA}=\varphi_B-\varphi_A-2\pi\frac{r_B-r_A}{\lambda}=(2k+1)\pi \quad (k=0,\ \pm1,\ \pm2,\ \cdots)$$

已知 $\varphi_B-\varphi_A=\pi$，$r_B+r_A=30\mathrm{m}$，由于两列波源同在一条直线上，所以设 $r_A=x$，则 $r_B=30-x$，这样，$r_B-r_A=(30-2x)\mathrm{m}$（见图6.11b），波长 $\lambda=u/f=4\mathrm{m}$，将这些条件代入相位差表达式，得到

$$\Delta\varphi_{BA}=\pi-2\pi\frac{30-2x}{4}=(x-14)\pi=(2k+1)\pi$$

考虑到 $0\leqslant x\leqslant 30$，将 $k=\pm0,\ \pm1,\ \pm2,\ \cdots$代入上式，很容易解得

$$x=1\mathrm{m},\ 3\mathrm{m},\ 5\mathrm{m},\ \cdots,\ 29\mathrm{m}$$

如果进一步考虑 A、B 两点外侧的干涉结果，则计算过程要简单得多。

对于 A 点左侧：

$$\Delta\varphi_{BA}=\pi-2\pi\frac{(30+r_A)-r_A}{\lambda}=-14\pi$$，符合干涉加强或干涉相长条件。

对于 B 点右侧：

$$\Delta\varphi_{BA}=\pi-2\pi\frac{r_B-(30+r_B)}{4}=16\pi$$，也符合干涉加强或干涉相长条件。

因此，在 AB 连线上，A、B 两点外侧的各点都因干涉而加强。当然，适当调整两点间的距离也可以使它们在这些点因干涉而静止。

17. 如图 6.12（主教材图 6.35）所示。S_1 和 S_2 为两相干波源，振幅均为 A_1，相距 $\lambda/4$，S_1 较 S_2 位相超前 $5\pi/2$。求：（1）S_1 外侧各点的合振幅；（2）S_2 外侧各点的合振幅。

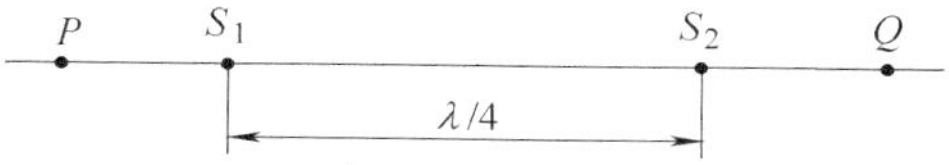

图 6.12

分析解答：

（1）基于对上一题的分析，很容易求得，两列波传播到 P 点的相位差为

$$\Delta\varphi_{12}=\varphi_1-\varphi_2-2\pi\frac{r_1-\left(r_1+\frac{\lambda}{4}\right)}{\lambda}=\frac{5\pi}{2}-2\pi\frac{-\frac{\lambda}{4}}{\lambda}=3\pi$$

符合干涉相消条件，又因为两波的振幅相等，所以合振幅 $A=0$，即 S_1 外侧各点均因干涉相消而静止。

（2）同样，两列波传到 Q 点的相位差为

$$\Delta\varphi_{12}=\varphi_1-\varphi_2-2\pi\frac{\left(r_2+\frac{\lambda}{4}\right)-r_2}{\lambda}=\frac{5\pi}{2}-2\pi\frac{\frac{\lambda}{4}}{\lambda}=2\pi$$

符合干涉相长条件，合振幅 $A=2A_1$，即 S_2 外侧各点均因干涉相长。

18. 图6.13（主教材图6.36）是干涉消音器原理图，利用这一结构可消除噪声。当发动机排气噪声经管道到达 A 点时，分成两路在 B 点相遇。如果要消除频率为 300Hz 的发动机排气噪声，求弯道与直管长度差 $\Delta r=r_2-r_1$ 至少为多少（设声速为 $340\text{m}\cdot\text{s}^{-1}$）？

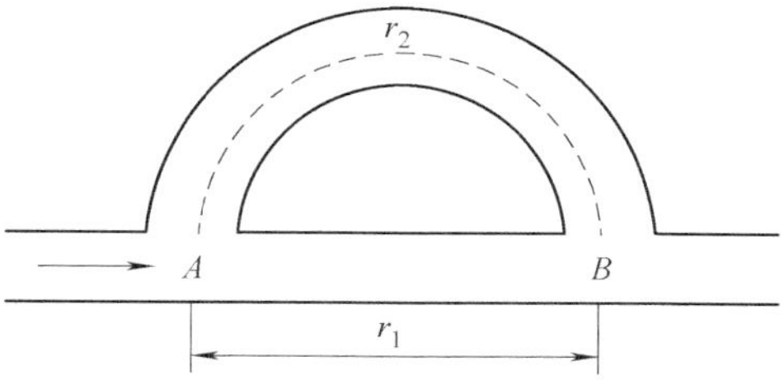

图 6.13

分析解答：要消除噪声，须设法让分离出来的两列波因干涉相消，两列波在 B 点相遇时的相位差为

$$\Delta\varphi=\varphi_2-\varphi_1-2\pi\frac{r_2-r_1}{\lambda}=-2\pi\frac{\Delta r}{\lambda}=(2k+1)\pi\quad(k=0,\ \pm1,\ \pm2,\cdots)$$

解得
$$\Delta r=-\frac{2k+1}{2}\lambda,\ k=0,\ \pm1,\ \pm2,\cdots$$

由于波长 $\lambda=u/f=340/300\text{m}$，$\Delta r=r_2-r_1>0$，而本题所求为 Δr 的最小值，故 k 应取 -1，$\Delta r\approx0.57\text{m}$。

思考：假如你作为消音器设计者，还可采取哪些办法使消声效果更优化？

第七章　气体动理论

本章知识体系结构图

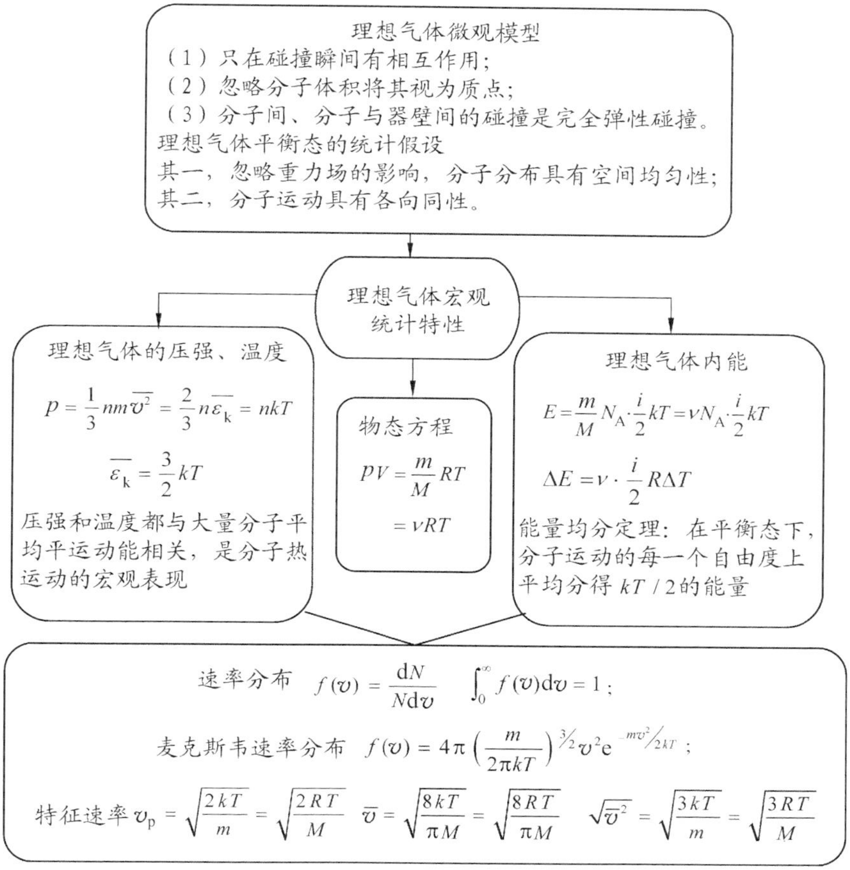

在讨论和学习机械运动的过程中，研究对象是一个质点，即便是一个质点系统，通过归纳和演绎，也可预见该系统整体的运动趋势，找出其运动规律。与此完全不同的是，在本章，我们面对的研究对象不再是一个质点，而是由大量分子或原子组成的特殊热力学系统，并且在这个系统内，这些更小尺度的分子或原子由于相互碰撞，还进行着不停的无规则热运动。正因为如此，我们对每个粒子的运动逐一进行描述，既不现实，也无必要，只能寻求或探索它们的群体热运动规律。随之而来的便是：理想化模型的建立——理想气体微观模型、平衡态模型；一些必要的假设——平衡态的统计假设、刚性球的弹性碰撞等；研究方法的调整——由因果关系得到某一特定结果（确定论）改为对微观量进行统计平均，从而揭示热现象的微观本质。

主要问题的分类及对策

气体动理论主要问题的分类及对策：

1. 气体物态方程的应用。

在应用理想气体物态方程时，先确定研究对象，把所需要研究的那部分气体想象地隔离出来，分析被研究对象所处的状态或经历的过程。如果气体处在同一个状态中，则可用下式求解相关未知量：

$$pV=\frac{m}{M}RT$$

如果一定量气体从一个状态变化到另一个状态，则用下式求解：

$$\frac{p_1V_1}{T_1}=\frac{p_2V_2}{T_2}$$

如果气体从一个状态变化到另一个状态时质量发生改变，则不能用 $p_1V_1/T_1=p_2V_2/T_2$ 计算，必须对每一个状态分别用 $pV=(m/M)RT$ 来计算。在计算过程中，还要注意单位的统一。

2. 理想气体内能的计算。

在计算气体的内能时，要分清以下各式的物理意义。

（1）$\frac{1}{2}kT$——为分子每个自由度所具有的平均动能；

（2）$\frac{3}{2}kT$——为分子的平均平动动能；

（3）$\frac{i}{2}kT$——为具有 i 个自由度的分子平均动能；

（4）$\frac{i}{2}RT$——为 1mol 理想气体的内能；

（5）$\frac{m}{M}\frac{i}{2}RT$——为质量为 m、摩尔质量为 M 的理想气体的内能。

对于不同的气体，必须分清是单原子分子、双原子分子还是多原子分子组成的气体。当考虑分子的平均动能时，必须分清是平均动能、转动动能，还是总的动能。应用能量按自由度均分定理进行考虑。

3. 统计方法和气体分子速率分布律的应用。

给定分布函数 $f(v)$，求各种速率的平均值。

用 $\bar{v}=\int_0^\infty vf(v)\,\mathrm{d}v$ 求平均速率 $\bar{v}$，用 $\overline{v^2}=\int_0^\infty v^2f(v)\,\mathrm{d}v$ 求速率的平方平均值 $\overline{v^2}$，用 $\mathrm{d}f(v)/\mathrm{d}v=0$ 求最概然速率 v_p，用 $\int_{v_1}^{v_2}Nf(v)\,\mathrm{d}v$ 求出速率在 $v_1\to v_2$ 区间内的分子数。如果分布函数中有待定常数，则需用归一化条件 $\int_0^\infty f(v)\,\mathrm{d}v=1$ 先求出待定常数。

4. 宏观量和微观量关系式的综合应用。

给定某种气体的压强和温度或体积，利用相关的关系式可以求得分子数密度、分子的各种平均动能、分子的各种速率以及分子的平均碰撞频率和平均自由程。测定迁移系数可以求得分子的有效直径、平均自由程等微观量。对有关的关系式需要熟练地掌握。

填空题及答案

1. 对一定量的气体来说，在温度不变时，压强随体积减小而增大；在体积不变时，压强随温度升高而增大。从宏观来看，两种变化都使压强增大，从分子热运动的角度去看，第一种情况是由于体积减小时，分子数密度增大，从而压强增大；第二种情况是由于温度升高时，分子的平均速率增大，从而压强增大。（说明：从压强公式 $p=2n\bar{\varepsilon}/3$ 中分别得出结论）

2. 试指出下列各式所表示的物理意义：

（1）$\frac{1}{2}kT$：是物质分子在温度为 T 的平衡态时每一个自由度上的平均动能。

（2）$\frac{3}{2}kT$：是在温度为 T 的平衡态时物质的一个分子的平均平动动能，或单原子分子的平均能量。

（3）$\frac{i}{2}kT$：在温度为 T 的平衡态时，自由度为 i 的物质的一个分子的平均动能，或理想气体分子的平均能量。

（4）$\frac{i}{2}RT$：表示 1mol 理想气体在温度为 T 时的内能。

（5）$\frac{m}{M}\frac{3}{2}RT$：是质量为 m、摩尔质量为 M 的理想气体在温度为 T 时的总动能，或质量为 m、摩尔质量为 M 的单原子分子理想气体在温度为 T 时的内能。

（6）$\frac{m}{M}\frac{i}{2}RT$：是质量为 m、摩尔质量为 M 的理想气体在温度为 T 时的内能。

3. 物质分子在温度为 T 的平衡态时每一个自由度上的平均动能等于$\frac{1}{2}kT$。

4. 质量为 m、摩尔质量为 M、自由度为 i 的理想气体在温度为 T 时的内能等于$\frac{m}{M}\frac{i}{2}RT$。

思考与练习解答

1. 温度和压强反映的意义是什么？讨论一个或少量分子的温度有意义吗？

分析解答：温度是分子无规则热运动剧烈程度的量度；压强是大量分子对器壁碰撞的统计平均效果。温度公式讨论的对象仍然是由大量分子组成的理想气体，对于少数或单个分子来说，讨论温度是没有意义的。

2. 对于给定的理想气体，其内能与哪些物态参量有关？当温度升高时，$f(v)-v$曲线峰值位置怎样变化？

分析解答：对于给定的系统来说（M、m、i 都是确定的），理想气体平衡态的内能唯一地由温度来确定，也就是说理想气体平衡态的内能是温度的单值函数，由系统的状态参量就可以确定它的内能。当温度升高时，$f(v)-v$ 曲线峰值位置向横坐标增加的方向移动，并且峰值变小。

3. 理想气体三种特征速率分别叫什么？等于多少？

分析解答：作为平衡态的理想气体系统，它的热运动常用最概然速率、平均速率和方均根速率来表征。它们分别是：

最概然速率：$v_p=\sqrt{\frac{2kT}{m}}=\sqrt{\frac{2RT}{M}}\approx 1.41\sqrt{\frac{RT}{M}}$

平均速率：$\bar{v}=\sqrt{\frac{8kT}{\pi m}}=\sqrt{\frac{8RT}{\pi M}}\approx 1.60\sqrt{\frac{RT}{M}}$

方均根速率：$\sqrt{\overline{v^2}}=\sqrt{\frac{3kT}{m}}=\sqrt{\frac{3RT}{M}}\approx 1.73\sqrt{\frac{RT}{M}}$

4. 速率分布函数$f(v)$的物理意义是什么？说明下列各式的物理意义：（1）$f(v)\mathrm{d}v$；（2）$Nf(v)\mathrm{d}v$；（3）$\int_{v_1}^{v_2}f(v)\mathrm{d}v$；（4）$\int_{v_1}^{v_2}Nf(v)\mathrm{d}v$。

分析解答：速率分布函数$f(v)$的物理意义是：在速率 v 附近，单位速率区间内的分子数占系统总分子数 N 的比率。

（1）$f(v)\mathrm{d}v$ 的物理意义是：$v\sim v+\mathrm{d}v$ 区间的分子数在总数中占的比率，即一个分子的速率在 $v\sim v+\mathrm{d}v$ 区间的概率；

（2）$Nf(v)\mathrm{d}v$ 的物理意义是 $v\sim v+\mathrm{d}v$ 区间的分子数；

（3）$\int_{v_1}^{v_2}f(v)\mathrm{d}v$ 的物理意义是 $v_1\sim v_2$ 区间的分子数在总数中占的比例，即一

个分子的速率在 $v_1 \sim v_2$ 区间的概率；

(4) $\int_{v_1}^{v_2} Nf(v)\mathrm{d}v$ 的物理意义是 $v_1 \sim v_2$ 区间的分子数。

5. 分子运动的平均速率一般为几百米每秒，为什么在房间内打开汽油瓶塞后，还要隔一段时间才能嗅到汽油味？

分析解答：这是因为汽油分子之间以及汽油分子与空气分子要进行大量的无规则碰撞（碰撞频率的数量级约在 $10^9\mathrm{s}^{-1}$左右），由于这种无规则的碰撞，改变了汽油分子运动方向，所以平均看，等效于汽油分子运动的速度变慢了。

6. 关于温度，有下列几种说法：(1) 气体的温度是分子平均平动动能的量度；(2) 气体的温度是大量气体分子热运动的集体表现，具有统计意义；(3) 温度的高低反映物质内部分子运动剧烈程度的不同；(4) 从微观上看，气体的温度表示每个气体分子的冷热程度。上述说法中正确的是（　　）。

A. (1)、(2)、(4)　　B. (1)、(2)、(3)　　C. (2)、(3)、(4)

D. (1)、(3)、(4)

分析解答：B

7. 一定量的理想气体储于某容器中，温度为 T，气体分子的质量为 m。根据理想气体的分子模型和统计假设，分子速度在 x 方向的分量平方的平均值为（　　）。

A. $\overline{v_x^2} = \sqrt{\dfrac{3kT}{m}}$　　B. $\overline{v_x^2} = \dfrac{1}{3}\sqrt{\dfrac{3kT}{m}}$　　C. $\overline{v_x^2} = \dfrac{3kT}{m}$　　D. $\overline{v_x^2} = \dfrac{kT}{m}$

分析解答：D。按照统计性假设，分子群体在 x、y、z 三个方向的运动应该是各向同性的，所以应有 $\overline{v_x^2} = \overline{v_y^2} = \overline{v_z^2}$。方均速率（即分子速度的平方的平均值）为

$$\overline{v^2} = \overline{v_x^2 + v_y^2 + v_z^2} = \overline{v_x^2} + \overline{v_y^2} + \overline{v_z^2}$$

由于 $\overline{v_x^2} = \overline{v_y^2} = \overline{v_z^2}$，所以有 $\overline{v_x^2} = \overline{v_y^2} = \overline{v_z^2} = \overline{v^2}/3$，而方均速率 $\overline{v^2} = 3kT/m$，所以 $\overline{v_x^2} = kT/m$。

8. 麦克斯韦速率分布曲线如图 7.1（主教材图 7.9）所示，A、B 两部分面积相等，则该图表示（　　）。

A. v_0 为最概然速率

B. v_0 为平均速率

C. v_0 为方均根速率

D. 速率大于和小于 v_0 的分子数各占一半

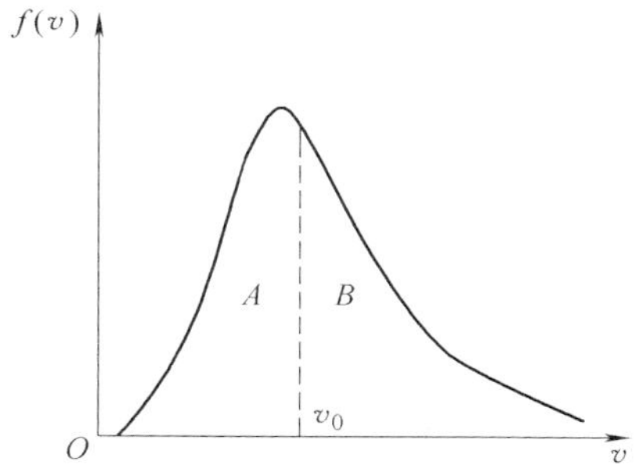

图　7.1

分析解答：D。A、B 两部分面积相等，

A 曲线所围面积表示 $0\sim v_0$ 区间的分子数在总数中占的比率，B 曲线所围面积表示 $v_0\sim\infty$ 区间的分子数在总数中占的比率，A、B 两部分面积相等，可得速率大于和小于 v_0 的分子数各占一半。

9. 一瓶氢气和一瓶氧气温度相同，若氢气分子的平均平动动能为 6.21×10^{-21}J，试求：(1) 氧气分子的平均平动动能和方均根速率；(2) 氧气的温度。

分析解答：因氢气分子和氧气分子的平均平动动能相同，所以

$$\overline{\varepsilon_{k1}}=\overline{\varepsilon_{k2}}=\frac{3}{2}kT=6.21\times10^{-21}\text{J}$$

由此可求出氧气的温度 $T=300$K；方均根速率 $\sqrt{\overline{v^2}}=\sqrt{\frac{3RT}{M}}\approx1.73\sqrt{\frac{RT}{M}}=482.8\text{m}\cdot\text{s}^{-1}$。式中，$k=1.38\times10^{-23}\text{J}\cdot\text{K}^{-1}$；$R=8.31\text{J}\cdot\text{mol}^{-1}\cdot\text{K}^{-1}$；$M=32\text{g}\cdot\text{mol}^{-1}=0.032\text{kg}\cdot\text{mol}^{-1}$。

10. 试从温度公式（即分子热运动平均平动动能和温度的关系式）和压强公式推导出理想气体的状态方程。

分析解答：由理想气体的温度公式

$$\overline{\varepsilon_k}=\frac{3}{2}kT \tag{1}$$

并考虑到理想气体的压强公式

$$p=\frac{2}{3}n\,\overline{\varepsilon_k} \tag{2}$$

可得理想气体状态方程，即 $p=nkT$，由于 $n=\frac{N}{V}$，$k=\frac{R}{N_A}$，所以上式又可写成

$$p=\frac{N}{V}\cdot\frac{R}{N_A}\cdot T=\frac{m}{M}\cdot\frac{R}{V}\cdot T \text{ 或 } pV=\frac{m}{M}RT$$

11. 在容积为 $2.0\times10^{-3}\text{m}^3$ 的容器中，有内能为 6.75×10^2J 的刚性双原子分子理想气体。

(1) 求气体的压强；(2) 若容器中分子总数为 5.4×10^{22} 个，求分子的平均平动动能及气体的温度。

分析解答：

(1) 一定量的理想气体的内能 $E=\nu\frac{i}{2}RT=\frac{i}{2}pV=6.75\times10^2$J，对于刚性双原子分子而言，自由度 $i=5$，气体体积 $V=2.0\times10^{-3}\text{m}^3$，代入上式，便可求得该理想气体的压强

$$p=\frac{2E}{iV}=1.35\times10^5\text{Pa}$$

（2）由压强公式 $p=nkT=\frac{N}{V}kT$，可以得到

$$T=\frac{pV}{Nk}=3.62\times10^{2}\text{K}$$

气体分子的平均平动动能为

$$\overline{\varepsilon_{\text{k}}}=\frac{3}{2}kT=7.49\times10^{-21}\text{J}$$

12. 设想太阳是由氢原子组成的理想气体，其密度可当做是均匀的。若此理想气体的压强为 $1.35\times10^{14}\text{Pa}$，试估计太阳的温度。（已知氢原子的质量 $m_{\text{H}}=1.67\times10^{-27}\text{kg}$，太阳半径 $R_{\text{s}}=6.96\times10^{8}\text{m}$，太阳质量 $m_{\text{s}}=1.99\times10^{30}\text{kg}$）

分析解答：理想气体状态方程 $pV=\frac{m_{\text{s}}}{M}RT$，其中气体的物质的量 $\frac{m_{\text{s}}}{M}=\frac{m_{\text{s}}}{m_{\text{H}}N_0}$，太阳的体积 $V=\frac{4}{3}\pi R_{\text{s}}^{3}$，则太阳的温度为

$$T=\frac{m_{\text{H}}N_0}{m_{\text{s}}}\frac{pV}{R}\approx1.16\times10^{7}\text{K}$$

13. 某些恒星的温度可达到约 $1.0\times10^{8}\text{K}$，这也是发生聚变反应（也称热核反应）所需的温度。在此温度下，恒星可视为由质子组成。问：（1）质子的平均平动动能是多少？（2）质子的方均根速率为多大？（质子质量为 $1.67\times10^{-27}\text{kg}$）

分析解答：（1）质子的平均平动动能为

$$\overline{\varepsilon_{\text{k}}}=\frac{3}{2}kT=2.07\times10^{-15}\text{J}$$

式中，$k=1.38\times10^{-23}\text{J}\cdot\text{K}^{-1}$；$T=1.0\times10^{8}\text{K}$。

（2）质子的方均根速率为

$$\sqrt{\overline{v^2}}=\sqrt{\frac{3kT}{m}}=1.57\times10^{6}\text{m}\cdot\text{s}^{-1}$$

14. 电视机显像管的真空度为 $1.33\times10^{-3}\text{Pa}$，温度为 27℃，求其内的分子数密度和分子的平均自由程（设分子的有效直径为 $d=3\times10^{-10}\text{m}$）。

分析解答：由理想气体的压强公式，可得

$$p=nkT\rightarrow1.33\times10^{-3}=n\times1.38\times10^{-23}\times(273+27)$$

由此解得显像管内部的分子数密度为

$$n=3.21\times10^{17}\text{m}^{-3}$$

分子的平均自由程为

$$\lambda=\frac{kT}{\sqrt{2}\pi d^2p}=\frac{1}{\sqrt{2}\pi d^2n}=7.80\text{m}$$

第八章　热力学基础

本章知识体系结构图

准静态过程中的功：$A=\int_{V_1}^{V_2}p\mathrm{d}V$　热量：$\mathrm{d}Q_x=\nu C_x\mathrm{d}T$，$Q=\int_{T_1}^{T_2}\nu C_x\mathrm{d}T$

（x表示某一过程，C_x为此过程的摩尔热容）

$$C_{V,\mathrm{m}}=\frac{i}{2}R,\quad C_{p,\mathrm{m}}=C_{V,\mathrm{m}}+R=\frac{i+2}{2}R,\quad \gamma=\frac{C_{p,\mathrm{m}}}{C_{V,\mathrm{m}}}=\frac{i+2}{i}$$

理想气体的内能：$E=\frac{i}{2}\nu RT$，$\mathrm{d}E=\nu C_{V,\mathrm{m}}\mathrm{d}T$

热力学第一定律

微小变化过程：$\mathrm{d}Q=\mathrm{d}E+\mathrm{d}A$

有限过程：$Q=\Delta E+A$

等体过程（$A=0$）

$$Q=\Delta E=\nu\frac{i}{2}R(T_2-T_1)=\frac{i}{2}V(p_2-p_1)$$

等压过程

$$A=\int_{V_1}^{V_2}p\mathrm{d}V=p(V_2-V_1)=\nu R(T_2-T_1)$$

$$\Delta E=\nu C_{V,\mathrm{m}}(T_2-T_1)=\frac{i}{2}p(V_2-V_1)$$

$$Q=\Delta E+A=\frac{i+2}{2}p(V_2-V_1)$$

等温过程（$\Delta E=0$）

$$Q=A=p_1V_1\ln\frac{V_2}{V_1}=p_2V_2\ln\frac{V_2}{V_1}$$

绝热过程 $pV^{\gamma}=p_1V_1^{\gamma}=c$，$A=-\Delta E$

$$A=\frac{1}{\gamma-1}(p_2V_2-p_1V_1)$$

热力学第二定律

开尔文表述：系统不可能从单一热库吸收热量并全部转变为功而不产生其他影响。

克劳修斯表述：热量不可能自动地从低温物体传向高温物体。

统计意义：孤立系统内部发生的过程，总是由包含微观态数目较少的宏观态，向包含微观态数目较多的宏观态方向变化。

熵增加原理

熵差：$S_b-S_a=\int_A^B\frac{\mathrm{d}Q}{T}$（积分路径为从$a$到$b$的任意可逆过程）

熵增加原理

孤立系统的熵永远不会减小。对于可逆过程，熵保持不变；对于不可逆过程，熵总是增加的。

热机效率　$\eta=1-\frac{Q_2}{Q_1}$

制冷系数　$\omega=\frac{Q_2}{Q_1-Q_2}$

对宏观热力学过程的分析和处理，以及热力学系统状态变化与热力学过程关系的研究是本章的主要任务。它是以观察和实验为基础，通过归纳和演绎得出热现象的基本规律。实际的热力学过程非常复杂，因此，由理想化过程和理想化实验入手，探究物理过程的本质，是实现本章学习目标的有效途径，也是我们实践物理学研究方法的一个切入点。

理性解读1——理想化过程：**实际的热力学过程和其他自然界发生的物理过程一样，往往十分复杂，研究对象与其他物质间的相互作用也是多种多样的，如将各种相互作用逐一进行考虑，会使问题非常复杂反而无从研究。事实上，并不是所有的相互作用都起主要作用，而是只有一种或少数几种作用对物理过程产生影响，比如，所有过程都会受到摩擦阻力，但是如果将实验设计精巧些，摩擦阻力就可以忽略。因此，通过抽象使过程理想化，突出主要矛盾，分析矛盾的主要方面，忽略次要矛盾和次要因素，从而简化问题，以深入研究物理过程的本质，这便是物理学研究中的理想化过程方法。**

理想化过程只是一种科学概念，它只能在抽象的科学思维中得以实现，在现实世界中是不存在的。理想化过程的建立，使复杂的过程简单化，有利于进行逻辑推理，发现事物的规律性。准静态过程就是一种理想化过程。

理性解读2——理想化实验：**理想化实验是理想化方法的一种，是类比科学实验的一种逻辑推理过程。理想化实验往往是虚构的，无需考虑技术上的困难，是一种“思考性实验”。是在极端条件下，运用逻辑推理，在头脑中或纸面上来完成的，是实际实验的重要逻辑补充。**

在力学中，伽利略设计了理想的“斜面实验”，反驳了亚里士多德的统治了物理学界多年的不真实理论，从而为牛顿总结归纳力学的惯性定律提供了研究基础。在物理学中，重大概念或假说的提出、基本定律的建立或对某个有争议的原则问题的判决，往往涉及逻辑推理过程，这时，理想化实验或假想实验常常会提供有力的帮助。爱因斯坦在创立狭义相对论和广义相对论的过程中，就多次使用了理想实验的方法，如“爱因斯坦列车”、“追光实验”等。

温馨提示：**理想化过程只是高度抽象的科学思维的结果；理想化实验也仅仅是在极端情况下逻辑推理的产物。虽然二者都能有效地推动人们对实际问题的研究，甚至引领人们发现物质世界中的新规律，但它们不能取代真实的实验，所以，它不是检验真理的标准，其结论还必须放在真实的实验中去检验。**

主要问题的分类及对策

宏观热力学的主要问题分类及对策：

第一类，以热力学第一定律为依据，处理热力学系统各种理想化物理过程与理想化状态之间的关系。

应用热力学第一定律时，总要计算功、热量和内能等。计算时要认清过程，看初态和终态的状态参量是否齐全，并要注意功、热量、内能增量正负的规定以及统一计量单位。理想气体做功的大小，还可从 $p-V$ 图上过程曲线与 V 轴所围的面积直接得到。热力学第一定律的应用列表如下：

过程	过程方程	功 A	热量 Q	内能增量 ΔE
等体	$\frac{p}{T}=$ 恒量	0	$\nu C_{V,m}(T_2-T_1)$	$\nu C_{V,m}(T_2-T_1)$
等压	$\frac{V}{T}=$ 恒量	$p(V_2-V_1)$ 或 $\nu R(T_2-T_1)$	$\nu C_{p,m}(T_2-T_1)$	$\nu C_{p,m}(T_2-T_1)$
等温	$pV=$ 恒量	$\nu RT\ln\frac{V_2}{V_1}$ 或 $\nu RT\ln\frac{p_1}{p_2}$	$\nu RT\ln\frac{V_2}{V_1}$ 或 $\nu RT\ln\frac{p_1}{p_2}$	0
绝热	$pV^\gamma=$ 恒量 $TV^{\gamma-1}=$ 恒量 $p^{\gamma-1}T^{-\gamma}=$ 恒量	$\frac{p_1V_1-p_2V_2}{\gamma-1}$ 或 $-\nu C_{V,m}(T_2-T_1)$	0	$\nu C_{V,m}(T_2-T_1)$

第二类，典型的循环过程以及热机效率和制冷系数的计算。

循环过程的特点是系统的内能增量 $\Delta E=0$，所以，只要计算系统在各过程中的热量交换和所做的功即可，但要注意分清系统是吸热还是放热，对外做正功还是做负功。

正循环（热机）效率的计算公式如下：

$$\eta=\frac{A}{Q_1}=1-\frac{Q_2}{Q_1}$$

式中，Q_1 和 Q_2 分别是工作物质在一次循环中从外界吸取热量和向低温热源放出热量的绝对值；A 是工作物质在一次循环中对外界所做的净功。有时按公式计算放热过程的热量时，常得到负值，但在计算效率时应取绝对值，否则将出现 $\eta>100\%$ 的谬误。

负循环（制冷机）制冷系数的计算公式如下：

$$w=\frac{Q_2}{A}=\frac{Q_2}{Q_1-Q_2}$$

式中，Q_1 是工作物质向外界放出热量的绝对值；Q_2 是工作物质从外界吸热的绝对值；A 是外界对工作物质做的净功。

第三类，热力学第二定律的简单应用。

根据热力学第二定律两种表述形式判断某些叙述是否正确，过程能否存在等，一般采用逻辑论证法，有时还要用到反证法。

第四类，熵的计算（虽然熵的概念和熵变的计算很重要，但由于学时所限，以下计算不作统一要求）。

1. 理想气体可逆过程的熵变

（1）绝热过程：因 $dQ=0$，所以

$$S_B - S_A = \int_A^B \frac{dQ}{T} = 0$$

（2）等体过程：$(dQ)_V = \nu C_{V,m} dT$

$$S_B - S_A = \int_A^B \frac{(dQ)_T}{T} = \int_{T_A}^{T_B} \frac{\nu C_{V,m} dT}{T} = \nu C_{V,m} \ln \frac{T_B}{T_A}$$

（3）等压过程：$(dQ)_p = \nu C_{p,m} dT$

$$S_B - S_A = \int_A^B \frac{(dQ)_p}{T} = \int_{T_A}^{T_B} \frac{\nu C_{p,m} dT}{T} = \nu C_{p,m} \ln \frac{T_B}{T_A}$$

（4）等温过程：$(dQ)_T = \nu RT \ln \dfrac{V_B}{V_A}$

$$S_B - S_A = \int_A^B \frac{(dQ)_T}{T} = \frac{Q_T}{T} = \nu R \ln \frac{V_B}{V_A}$$

2. 不可逆过程的熵变

在不可逆过程的始末两种状态之间设计一个可逆过程，然后再利用已知的可逆过程的熵变公式算出不可逆过程的熵变。

思考与练习解答

1. 在一定的条件下，原来的平衡态被破坏后还需要经过一段时间才能达到新的平衡态，这段时间称为________，如果在过程进行的每一时刻，系统都处在平衡态，那么这样的过程称为________。

分析解答：弛豫时间，准静态过程。（当弛豫时间远短于过程进行的时间，我们就认为该过程为准静态过程。）

2. ________和________都可以改变系统的内能。

分析解答：做功，热传导。（它们都是能量传递的途径。）

3. 热力学第一定律表明，系统从外界吸收的热量，一部分用于系统________的增加，另一部分则用于系统对外________。

分析解答：内能，做功。

4. 在等体过程中，系统对外不做功，系统吸收的热量全部用来增加

________，若系统放热，则系统________减少。

分析解答：内能，内能。

5. 在理想气体的等温过程中，当气体膨胀时，气体从热源吸收的热量全部用于________；当气体被压缩时，外界对气体所做的功，全部转化为________。

分析解答：对外做功，热量放出。

6. 若用 Q 表示外界向系统传递的热量，A 表示系统对外做功，E 表示系统内能，那么对于状态微小的变化过程，热力学第一定律可表示为

A. $dE = dQ + dA$　B. $dA = dE + dQ$　C. $dQ = dE - dA$　D. $dQ = dE + dA$

分析解答：（D）。系统从外界吸收的热量，一部分用于系统内能的增加，另一部分则使系统对外做功。

7. 卡诺循环的效率是由高温热源和低温热源的（　　）。

A. 温度决定的　B. 体积决定的　C. 密度决定的　D. 摩尔热容决定的

分析解答：（A）。由公式 $\eta_c = 1 - T_2/T_1$ 可知：卡诺循环的效率是由高温热源和低温热源温度决定的，与其他因素无关。

8. 热力学第二定律的开尔文表述和克劳修斯表述实质上是（　　）。

A. 等效的　B. 矛盾的　C. 错误的　D. 对立的

分析解答：（A）。

9. 一系统由如图 8.1（主教材图 8.19）所示的 a 状态沿 abc 到达 c 状态时，有 350J 的热量传入系统，系统做功 126J。（1）经 adc 过程，系统做功 42J，有多少热量传入系统？（2）当系统由 c 状态沿曲线 ca 返回状态 a 时，外界对系统做功为 84J，试问系统是吸热还是放热？热量传递了多少？

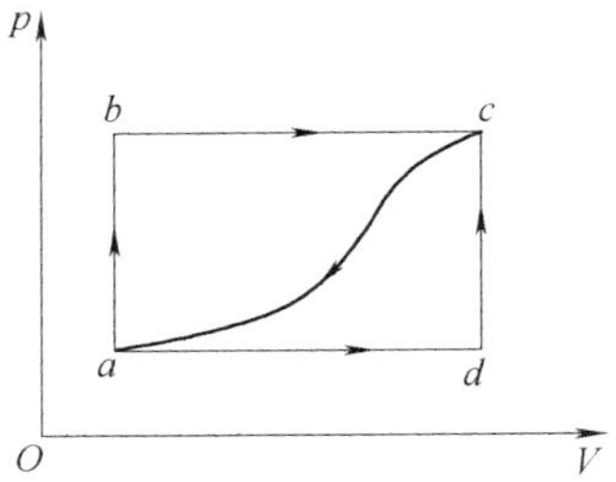

图　8.1

分析解答：

（1）根据热力学第一定律，系统吸收的热量一部分用于内能增加，另一部分则用于对外做功，即

$$Q = \Delta E + A$$

在 abc 过程中，可得到 c、a 两状态内能的增量为

$$\Delta E_{ac} = Q_{abc} - A_{abc} = (350 - 126)\text{J} = 224\text{J}$$

因为 c、a 两状态内能的增量与过程无关，所以在 adc 过程中，系统吸收的热量为

$$Q_{adc} = \Delta E_{ac} + A_{adc} = (224 + 42)\text{J} = 266\text{J}$$

（2）在从 c 沿曲线回到 a 的过程中，系统吸热为

$$Q_{ca} = \Delta E_{ca} + A_{ca} = -\Delta E_{ac} + A_{ca} = [-224 + (-84)]\text{J} = -308\text{J}$$

负号表示系统放热。

10. 气缸内有2mol氦气，初始温度为27℃，体积为20L。先将氦气定压膨胀，直至体积加倍，然后绝热膨胀，直至回复初温为止。若把氦气视为理想气体，问：（1）在该过程中氦气吸热多少？（2）氦气的内能变化是多少？（3）氦气所做的总功是多少？

分析解答：

（1）氦气初始热力学温度为

$$T_1=(273+27)\text{K}=300\text{K}$$

由于系统定压膨胀，所以

$$\frac{V_1}{T_1}=\frac{V_2}{T_2}$$

得

$$T_2=\frac{V_2T_1}{V_1}=600\text{K}$$

$$Q=\nu C_{p,\text{m}}(T_2-T_1)=\nu\frac{i+2}{2}R(T_2-T_1)$$

$$=2\times\frac{5}{2}\times8.31\times300\text{J}=1.25\times10^4\text{J}$$

（2）不管经历的过程如何，由于温度回复到初态，而理想气体的内能只是温度的函数，所以系统的内能增量为

$$\Delta E=0$$

（3）根据热力学第一定律，应有

$$Q=A+\Delta E$$

所以，在此过程中，氦气所做的总功为

$$A=Q=1.25\times10^4\text{J}$$

11. 0.02kg的氦气（视为理想气体），温度由17℃升为27℃，若在升温过程中：（1）体积保持不变；（2）压强保持不变；（3）不与外界交换能量。分别求出气体内能的改变、吸收的热量、外界对气体做的功。

分析解答：氦气为单原子分子理想气体，其自由度 $i=3$。

（1）对于等体过程，$V=$常量，$A=0$，由热力学第一定律 $Q=\Delta E+A$ 可知

$$Q=\Delta E=\nu C_{V,\text{m}}(T_2-T_1)=\nu\frac{i}{2}R(T_2-T_1)$$

$$=\frac{0.02}{4\times10^{-3}}\times\frac{3}{2}\times8.31\times10\text{J}=623.25\text{J}$$

（2）对于等压过程，$p=$常量，吸收的热量为

$$Q=\nu C_{p,\text{m}}(T_2-T_1)=\nu\frac{i+2}{2}R(T_2-T_1)$$

$$=\frac{0.02}{4\times10^{-3}}\times\frac{5}{2}\times8.31\times10\text{J}=1038.75\text{J}$$

由于理想气体内能只与温度有关，所以内能的变化与（1）相同，$\Delta E=623.25\text{J}$。而由于压强不变，温度升高，根据理想气体物态方程，系统的体积必然增加，所以系统对外做功，由热力学第一定律可知，系统对外界做的功为

$$A=Q-\Delta E=415.5\text{J}$$

外界对系统做功为

$$A'=-A=-415.5\text{J}$$

（3）系统不与外界交换能量，必有 $Q=0$，内能变化与（1）相同，$\Delta E=623.25\text{J}$。由热力学第一定律可知，系统对外界做功为

$$A=-\Delta E=-623.25\text{J}$$

外界对系统做功为

$$A=623.25\text{J}$$

12. 一定量的刚性双原子分子气体，开始时处于压强为 $p_0=1.0\times10^5\text{Pa}$ 体积为 $V_0=4\times10^{-3}\text{m}^3$，温度为 $T_0=300\text{K}$ 的初态，后经等压膨胀过程温度上升到 $T_1=450\text{K}$，再经绝热过程温度回到 $T_2=300\text{K}$，求整个过程中对外做的功。

分析解答： 等压过程末态的体积可由物态方程求出

$$V_1=\frac{V_0}{T_0}T_1$$

在等压过程中，气体对外做功为

$$A_1=p_0(V_1-V_0)=p_0V_0\left(\frac{T_1}{T_0}-1\right)=200\text{J}$$

根据热力学第一定律，绝热过程气体对外做的功为

$$A_2=-\Delta E=-\nu C_{V,\text{m}}(T_2-T_1)$$

这里气体物质的量 $\nu=\frac{p_0V_0}{RT_0}$，气体的摩尔定容热容 $C_{V,\text{m}}=\frac{5}{2}R$，则

$$A_2=-\frac{5p_0V_0}{2T_0}(T_2-T_1)=500\text{J}$$

气体在整个过程中对外做的功为

$$A=A_1+A_2=700\text{J}$$

13. 如图 8.2（主教材图 8.20）所示，使 1mol 氧气（1）由 A 等温变到 B；（2）由 A 等体变到 C，再由 C 等压变到 B。试分别计算氧气做的功和吸收的热量。

分析解答：

（1）$A\to B$ 为等温过程，内能不变，由热力学第一定律可知，系统吸热并对外界做功

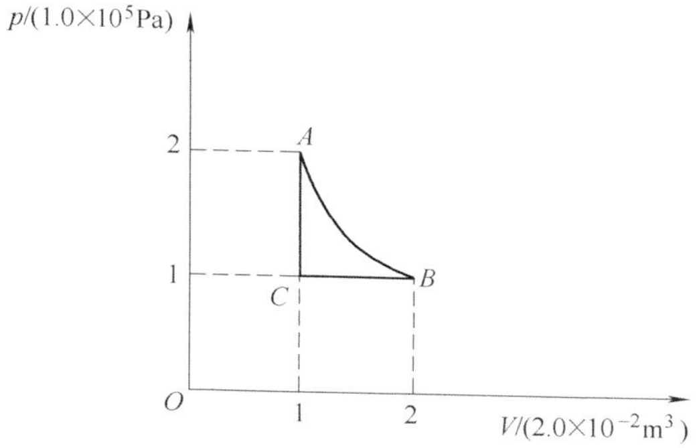

图　8.2

$$Q = A = p_A V_A \ln \frac{V_B}{V_A} = 2.8 \times 10^3 \mathrm{J}$$

（2）$A \to C$ 为等体过程，再经 $C \to B$ 的等压过程，系统对外界所做的功为

$$A = p_B \Delta V = 2 \times 10^3 \mathrm{J}$$

由于气体在 A、B 两个状态的温度相同，所以，在此过程中系统的内能不变 $\Delta E = 0$，再由热力学第一定律，可得系统吸收的热量为

$$Q = A + \Delta E = 2 \times 10^3 \mathrm{J}$$

14. 空气由压强为 $1.5 \times 10^5 \mathrm{Pa}$、体积为 $5.0 \times 10 \mathrm{m}^3$ 等温膨胀到压强为 $1.0 \times 10^5 \mathrm{Pa}$，然后再经等压压缩到原来的体积。试计算空气所做的功。（$\ln 1.5 = 0.41$）

分析解答：对于等温膨胀，由理想气体物态方程，应有

$$p_1 V_1 = p_2 V_2$$

在此过程中，系统对外做功

$$A_1 = \int_{V_1}^{V_2} p \mathrm{d}V = \int_{V_1}^{V_2} \frac{p_1 V_1}{V} \mathrm{d}V = p_1 V_1 \ln \frac{V_2}{V_1} = 3.075 \times 10^6 \mathrm{~J}$$

在等压压缩的过程中，系统对外做功

$$A_2 = p_2 \Delta V = p_2 (V_1 - V_2) = -2.5 \times 10^6 \mathrm{J}$$

空气所做的总功：$A = A_1 + A_2 = 5.75 \times 10^5 \mathrm{J}$

15. 0.32kg 的氧气作如图 8.3（主教材图 8.21）所示的 $ABCDA$ 循环，设 $V_2 = 2V_1$，$T_1 = 300\mathrm{K}$，$T_2 = 200\mathrm{K}$，求循环效率。

分析解答：该循环为正循环，循环效率可由其定义 $\eta = A/Q_1$ 求出，其中，A 为一个循环过程中系统对外界所做的功的绝对值（净功），由于在一个循环过程中，系统状态没变，所以系统所做的净功为 $A = Q_1 - Q_2$，Q_1、Q_2 分别为循环过程中系统吸收和放出的热量。这样，循环效率又可写成 $\eta = 1 - Q_2/Q_1$，采用后者计算循环效率。

$D \to A$，系统等体吸收的热量等于其内能增量的绝对值

$$Q_V = \Delta E = \nu \frac{i}{2} R(T_1 - T_2)$$

$A \to B$，等温过程，吸热完全用于对外做功，其绝对值为

$$Q_T = A = \nu R T_1 \ln \frac{V_B}{V_A}$$

$$Q_1 = Q_V + Q_T = \nu R T_1 \ln \frac{V_B}{V_A} + \nu \frac{i}{2} R(T_1 - T_2)$$

同理，$B \to C$，系统等体放热，$C \to D$，系统系统等温放热，放热的总绝对值为

$$Q_2 = \left| \nu \frac{i}{2} R(T_2 - T_1) \right| + \left| \nu R T_2 \ln \frac{V_D}{V_C} \right|$$

其中，$\ln 2 = 0.693$，$\nu = 10$，$i = \frac{5}{2}$，将题中所给条件代入，得

$$\eta = 1 - \frac{Q_2}{Q_1} = 15\%$$

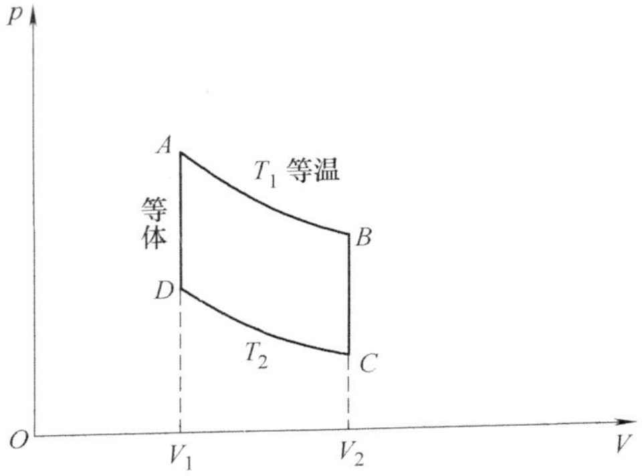

图 8.3

第九章　真空中的静电场

本章知识体系结构图

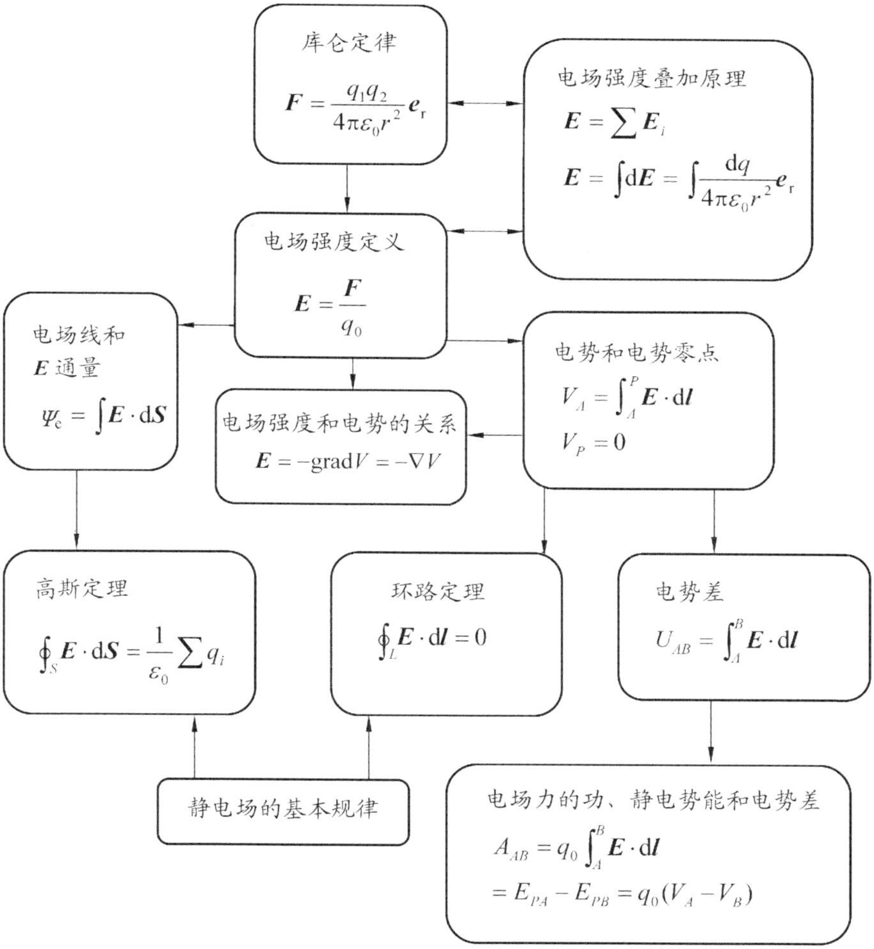

物质运动的形式是复杂多样的，电磁运动是物质运动的又一种基本运动形式。电磁相互作用是自然界已知的四种基本相互作用之一，也是迄今为止人们认识得比较深入的一种相互作用。

当我们所研究的电荷相对于某参考物静止时，电荷在这个静止的参考系中激发的电场，称为静电场。**本章只讨论真空中的静电场**。

正如本章知识结构图所示，人们对静电现象的认识是从电荷之间有相互作用开始的。电荷之间的作用力与什么有关？库仑定律给出了两个点电荷之间的相互作用力表达式，并且认识到电荷在其周围激发电场，而电荷间的相互作用正是通过电场的作用得以实现的；与万有引力场中物质受到万有引力的作用一样。我们从施力和做功两个方面来研究静电场的性质：①为了描述静电场对电荷施加力的作用，引入物理量电场强度（$\boldsymbol{E}$）；②为了描述静电场对运动电荷做功，引入物理量电势（V），并以此为基础，推导出静电场的两个基本规律：静电场中的高斯定理和环路定理。

主要问题的分类及对策

根据静电场的两个基本性质，本章主要讨论的物理问题分为如下几类：

第一类问题——电场强度及其计算。

1. 电场强度的定义

为了描述电场对电荷有作用力的性质，引入电场强度的定义：

$$\boldsymbol{E}=\frac{\boldsymbol{F}}{q_0}$$

它表明，电场中某点处的电场强度等于该点处单位试验电荷所受到的电场力。

2. 电场强度的计算

除了可以用电场强度的定义式计算电场强度外，还可以用以下三种方法计算电场强度。

（1）电场强度叠加原理　如果空间电荷分布情况已知，可以由点电荷的电场强度式，根据电场强度叠加原理求得任意电荷所激发的电场强度。

1）点电荷的电场强度：$\boldsymbol{E}=\frac{1}{4\pi\varepsilon_0}\frac{q}{r^2}\boldsymbol{e}_\mathrm{r}$

2）点电荷系的电场强度：点电荷系在空间中某点所激发的电场强度等于各点电荷单独存在时各自激发的电场在该点的电场强度的矢量和，即

$$\boldsymbol{E}=\sum_{i=1}^{n}\boldsymbol{E}_i=\sum_{i=1}^{n}\frac{1}{4\pi\varepsilon_0}\frac{Q_i}{r_i^2}\boldsymbol{e}_{\mathrm{r}i}$$

3）连续分布的点电荷系的电场强度：

$$\boldsymbol{E}=\int\frac{1}{4\pi\varepsilon_0}\frac{\rho\mathrm{d}V}{\boldsymbol{r}^2}\boldsymbol{e}_\mathrm{r},\ \rho\text{ 为电荷体密度}$$

$$\boldsymbol{E}=\int\frac{1}{4\pi\varepsilon_0}\frac{\sigma\mathrm{d}S}{r^2}\boldsymbol{e}_\mathrm{r},\ \sigma\text{ 为电荷面密度}$$

$$\boldsymbol{E}=\int\frac{1}{4\pi\varepsilon_0}\frac{\lambda\mathrm{d}l}{r^2}\boldsymbol{e}_\mathrm{r},\ \lambda\text{ 为电荷线密度}$$

(2) 利用高斯定理求解电场强度

1) 高斯定理

高斯定理是用电通量表示电场和场源电荷关系的定理，它给出了通过任意闭合曲面的电通量与闭合曲面内部所包围的电荷量之间的关系。其数学表达式为

$$\Psi_e = \oint_S \boldsymbol{E} \cdot \mathrm{d}\boldsymbol{S} = \frac{1}{\varepsilon_0}\sum_{S内} q_i$$

即在真空中的静电场内，通过任意一个闭合曲面的电通量等于该闭合曲面所包围的电荷量的代数和的 $1/\varepsilon_0$ 倍。

对于高斯定理的理解，注意以下三点：

① 高斯定理中 $\mathrm{d}S$ 处的电场强度 $\boldsymbol{E}$ 是由空间中所有电荷共同激发的总电场强度，并非只由曲面内的电荷产生。

② 高斯面为闭合曲面，通过该曲面的总电通量只与该曲面内部的电荷有关，曲面外的电荷对总的电通量没有贡献。

③ 静电场中的高斯定理是静电场有源性的数学表述。

2) 利用高斯定理求电场强度的条件：只有在电场分布具有一定的对称性的问题中，即产生电场的带电体系的电荷分布具有一定的对称性时，方可运用高斯定理求解电场强度。因此，这不是求电场强度的普遍方法，而是一种辅助的方法。

3) 运用高斯定理求电场强度的步骤

第一步是对于给定的问题，分析电场分布的对称性，以判断能否应用高斯定理求解电场强度。同时通过分析可知空间电场强度的方向情况。

在给定问题中，只有当电场分布具有一定的对称性时，包括球对称、平面对称、轴对称等，方能用高斯定理求电场强度，否则不能用，但这并不意味着高斯定理对非对称电场分布的问题不适用，而是说这时用它求不出电场强度。

第二步是选取适当的高斯面。选取高斯面的原则是：

① 高斯面必须要通过拟求电场强度的点。

② 高斯面的各部分的单位法线矢量 $\boldsymbol{n}$ 或者与 $\boldsymbol{E}$ 平行，或者与 $\boldsymbol{E}$ 垂直，在与 $\boldsymbol{E}$ 平行的那部分面上，各点的电场强度大小应相等。

③ 高斯面应是比较简单的几何面。在电场分布具有球对称性时，通常选取的高斯面为球面；在电场分布具有面对称和轴对称时，通常选取的高斯面为圆柱面。

第三步是利用高斯定理表达式求解电场强度 E。

$$\Psi_e = \oint_S \boldsymbol{E} \cdot \mathrm{d}\boldsymbol{S} = \frac{\sum q_i}{\varepsilon_0} \rightarrow E\oint_S \mathrm{d}S = \frac{\sum q_i}{\varepsilon_0} \rightarrow E = \frac{\sum q_i}{\varepsilon_0\oint_S \mathrm{d}S}$$

(3) 利用电场强度和电势梯度的关系求电场强度　电场中任意点的电场强度等于该点处电势梯度的负值，即

$$\boldsymbol{E} = -\mathrm{grad}V = -\nabla V$$

第二类问题——电势的求解。

1. 电势

试验电荷在电场中某点的电势能，在数值上等于将其从该点移动到电势能为零处静电场力所做的功。一般选取无穷远处为电势能零点，这样，电场中某点 A 的电势能可以表示为

$$E_{\mathrm{p}A} = q_0\int_A^{\infty} \boldsymbol{E} \cdot \mathrm{d}\boldsymbol{l}$$

电场中的电势能不仅与电场自身及电荷的位置有关，还与电荷 q_0 有关，但是 $E_{\mathrm{p}A}/q_0$ 仅与位置有关，而与 q_0 无关。因此，$E_{\mathrm{p}A}/q_0$ 反映的是电场本身的性质，该物理量称为电势，用 V 表示，即

$$V_A = \frac{E_{\mathrm{p}A}}{q_0} = \int_A^{\infty} \boldsymbol{E} \cdot \mathrm{d}\boldsymbol{l}$$

电场中某点 A 的电势在数值上等于将单位正电荷由该点移动到无限远处（电势为零的点），静电力所做的功。在静电场中任意两点 A、B 的电势之差，称为 A、B 两点的电势差

$$U_{AB} = V_A - V_B = \int_A^{\infty} \boldsymbol{E} \cdot \mathrm{d}\boldsymbol{l} - \int_B^{\infty} \boldsymbol{E} \cdot \mathrm{d}\boldsymbol{l} = \int_A^{B} \boldsymbol{E} \cdot \mathrm{d}\boldsymbol{l}$$

静电场中 A、B 两点的电势差等于将单位正电荷由 A 点移动到 B 点时电场力做的功。

2. 电势的计算

（1）点电荷电场中的电势　在点电荷电场中，选取无穷远点为电势能零点，电场中任一点 P 的电势为

$$V_P = \int_P^{\infty} \boldsymbol{E} \cdot \mathrm{d}\boldsymbol{l} = \int_r^{\infty} \frac{1}{4\pi\varepsilon_0}\frac{Q}{r^2}\mathrm{d}r = \frac{Q}{4\pi\varepsilon_0 r}$$

（2）点电荷系电场中的电势　设点电荷系包含 n 个点电荷 Q_1，Q_2，…，Q_n，按照电场强度的叠加原理，空间任意点的电场强度 $\boldsymbol{E} = \sum\limits_{i=1}^{n}\boldsymbol{E}_i$，空间中任意点 P 的电势

$$V_P = \int_P^{\infty} \boldsymbol{E} \cdot \mathrm{d}\boldsymbol{l} = \int_P^{\infty} \sum_{i=1}^{n} \boldsymbol{E}_i \cdot \mathrm{d}\boldsymbol{l} = \sum_{i=1}^{n}\int_P^{\infty} \boldsymbol{E}_i \cdot \mathrm{d}\boldsymbol{l} = \sum_{i=1}^{n} V_i = \sum_{i=1}^{n}\frac{Q_i}{4\pi\varepsilon_0 r_i}$$

点电荷电场中某点的电势等于各个点电荷电场在同一场点的电势的代数和，这一称为电势的叠加原理。

（3）连续分布带电体的电势　对于连续分布的电荷系，可将其分割成无限个电荷元 $\mathrm{d}q$，每一个电荷元可以视为一个点电荷，其在 P 点产生的电势为

$$\mathrm{d}V = \frac{\mathrm{d}q}{4\pi\varepsilon_0 r}$$

整个带电体在 P 点的电势为

$$V = \int \frac{\mathrm{d}q}{4\pi\varepsilon_0 r}$$

其中积分区域为电荷所在的空间。

问 题 讨 论

问题 1：真空中的静电场有什么性质？

分析解答：静电场有两个基本性质，一是静电场对放在电场中的电荷施加力的作用；二是静电场对在静电场中运动的电荷要做功。

问题 2：怎样理解电场强度与电势的概念？它们二者有什么关系？

分析解答：电场强度和电势是分别从两个角度来描述电场的性质的。

电场强度是从电场力的角度来描述电场的性质，即电场对放入其中的电荷有力的作用，作用力为 $\boldsymbol{F}=q\boldsymbol{E}$，引入电场强度的目的就是要清楚电场中不同的点对电荷的作用情况，以便进一步讨论电荷在电场中的运动情况。

电势则是从能量的角度描述电场。电荷在电场中具有能量电势能。电场力做功与电荷电势能的关系是：电场力做了多少正功，电荷的电势能就减小多少；电场力做了多少负功，电荷的电势能就增加多少，即电场力所做的功等于电势能增量的负值。引入电势的目的就是要清楚在电场中两点之间移动电荷时，电场力做功的情况，有 $A_{AB}=q(V_A-V_B)$。

电场强度和电势这两个概念都是描述静电场的性质的，二者之间有必然的联系。

已知电场强度可以求电势，这是电场强度和电势的积分关系

$$V_A = \int_A^{\infty} \boldsymbol{E}\cdot\mathrm{d}\boldsymbol{l}$$

已知电势可以求电场强度，这是电场强度和电势的微分关系

$$\boldsymbol{E} = -\left(\frac{\partial V}{\partial x}\boldsymbol{i}+\frac{\partial V}{\partial y}\boldsymbol{j}+\frac{\partial V}{\partial z}\boldsymbol{k}\right)$$

填空题及答案

1. 库仑定律给出两个电荷之间作用力的大小和方向，对这两个电荷的要求是<u>点电荷</u>。

2. 相对于观察者静止的电荷在其周围激发的电场，称为静电场，它是物质存在的一种形式。<u>电场强度</u>和<u>电势</u>是分别从力和功能角度表述其性质的物理量。

3. 两平行放置的无限大金属板均匀带电，电荷面密度分别为 σ 和 $-\sigma$，两平板间的电场强度大小为<u>σ/ε_0</u>，两平板外侧的电场强度大小为<u> 0 </u>。

4. 在静电场中移动电荷，电场力所做的功有什么特点？<u>做功与移动电荷的路径无关</u>。

5. 式 $\int_a^b \boldsymbol{E} \cdot \mathrm{d}\boldsymbol{l}$ 表示的物理含义是电场中 a、b 两点间的电势差，或在电场中 a、b 两点间移动单位正电荷电场力所做的功。

6. 静电场中的电场线具有始于正电荷，终止于负电荷，不是闭合曲线、两条电场线不能相交、电场线密的地方，电场强度大、沿电场线方向电势为降低方向等特点。

7. 在静电场中取一个闭合曲面，穿过该闭合曲面的电通量等于 $\sum\limits_{S内} q_i/\varepsilon_0$ 。

思考与练习解答

1. 电荷量都是 q 的三个点电荷，分别放在正三角形的三个顶点。试问：(1) 在这三角形的中心放一个什么样的电荷，就可以使这四个电荷都达到平衡（即每个电荷受其他三个电荷的库仑力之和都为零）？(2) 这种平衡与三角形的边长有无关系？

分析解答：中心处放一个电荷量为 $q/\sqrt{3}$的异号电荷，就可以使这四个电荷都达到平衡。

计算过程：设正三角形的边长为 a，则中心到一个顶点的距离为 $a/\sqrt{3}$。取一个顶点上的电荷 q 为研究对象：它受其他三个电荷的作用力（库仑力）合力为零，有

$$2 \times \frac{1}{4\pi\varepsilon_0}\frac{qq}{a^2} \cdot \cos 30° = \frac{1}{4\pi\varepsilon_0}\frac{qq'}{\left(\dfrac{a}{\sqrt{3}}\right)^2}$$

解得 q'为 $q/\sqrt{3}$，电性与 q 异号。

2. 根据点电荷电场强度公式 $E = q/4\pi\varepsilon_0 r^2$，当被考察的场点距源点电荷很近 ($r \to 0$) 时，则电场强度→∞，这是没有物理意义的，对此应如何理解？

分析解答：电场强度公式 $E = q/4\pi\varepsilon_0 r^2$ 只适用于点电荷，当被考察的场点距源点电荷很近时，源点电荷就不能作为一个点电荷来处理，这时就需考虑带电体的大小，所以上述公式不成立。

3. 一点电荷 q 处在球形高斯面的中心，试问在下列情况中穿过此高斯面的 $\boldsymbol{E}$ 通量是否会发生变化？此高斯面上任意点的电场强度是否会发生变化？

(1) 将另一个点电荷置于高斯球面外附近；

(2) 将另一个点电荷置于高斯球面内；

(3) 将原来的点电荷移离高斯球面的中心，但仍在高斯面内。

分析解答：

(1) 将另一个点电荷置于高斯球面外附近时，穿过此高斯面的 $\boldsymbol{E}$ 通量不会发生变化，此高斯面上任意点的电场强度会发生变化。

(2) 将另一个点电荷置于高斯球面内时，穿过此高斯面的 $\boldsymbol{E}$ 通量会发生变化，此高斯面上任意点的电场强度会发生变化。

（3）将原来的点电荷移离高斯球面的中心，但仍在高斯面内时，穿过此高斯面的 $\boldsymbol{E}$ 通量不会发生变化，此高斯面上任意点的电场强度会发生变化。

4. 在真空中有 A，B 两平行板，相对距离为 d，板面积为 S，其带电荷量分别为 $+q$ 和 $-q$。则这两板之间有相互作用力 F，有人说 $F=q^2/4\pi\varepsilon_0 d^2$，又有人说，因为 $F=qE$，$E=q/\varepsilon_0 S$，所以 $F=q^2/\varepsilon_0 S$。试问这两种说法对吗？为什么？F 到底应等于多少？

分析解答：正确的处理方法是：把一个极板（如正极板）作为带电体，它在周围产生匀强电场，利用无限大带电板周围的电场强度公式

$$E=\frac{\sigma}{2\varepsilon_0}$$

得

$$E=\frac{q}{2\varepsilon_0 S}$$

把一个带异号电荷的极板（负极板）放入这样一个匀强电场中，考虑匀强电场对负电荷的作用力：把负极板无限分隔，看成是由许多个点电荷组成的，每一个点电荷受到的作用力方向相同，大小为

$$\mathrm{d}F=\mathrm{d}qE=\frac{q}{2\varepsilon_0 S}\mathrm{d}q$$

对上式积分，得负极板与正极板间的作用力

$$F=\int\mathrm{d}F=\frac{q}{2\varepsilon_0 S}\int\mathrm{d}q=\frac{q^2}{2\varepsilon_0 S}$$

上述说法中，第一种说法错在直接套用了点电荷间的作用力公式（库仑定律），因为带电极板不能作为点电荷来处理；第二种说法中，电场强度错了，不能用正、负极板的合电场强度来处理问题。

5. 下列几个说法中哪一个是正确的？

（A）电场中某点电场强度的方向，就是将点电荷放在该点所受电场力的方向；

（B）在以点电荷为中心的球面上，由该点电荷所产生的电场强度处处相同；

（C）电场强度的定义式为 $\boldsymbol{E}=\boldsymbol{F}/q$，式中，$q$ 为试验电荷的电荷量；$\boldsymbol{F}$ 为试验电荷所受的电场力；

（D）以上说法都不正确。

分析解答：（C）

6. 对静电场高斯定理的理解，下列四种说法中哪一个是正确的？

（A）如果通过高斯面的电通量不为零，则高斯面内必有净电荷；

（B）如果通过高斯面的电通量为零，则高斯面内必无电荷；

（C）如果高斯面内无电荷，则高斯面上电场强度必处处为零；

（D）如果高斯面上电场强度处处不为零，则高斯面内必有电荷。

分析解答：（A）

7. 如图9.1（主教材图9.25）所示，在点电荷 q 的电场中，选取以 q 为中心、R 为半径的球面上一点 P 处作电势零点，则与点电荷 q 距离为 r 的 P' 点的电势为

（A）$\dfrac{q}{4\pi\varepsilon_0 r}$　　（B）$\dfrac{q}{4\pi\varepsilon_0}\left(\dfrac{1}{r}-\dfrac{1}{R}\right)$

（C）$\dfrac{q}{4\pi\varepsilon_0\ (r-R)}$　　（D）$\dfrac{q}{4\pi\varepsilon_0}\left(\dfrac{1}{R}-\dfrac{1}{r}\right)$

分析解答：（B）

8. 如图9.2（主教材图9.26）所示，AB 和 CD 为两段同心（在点 O）的圆弧，它们所张的圆心角都是 φ，两圆弧都均匀带电，并且电荷线密度也相等。设 AB 和 CD 在 O 点产生的电势分别为 V_1 和 V_2，则正确的是？

（A）$V_1>V_2$　　（B）$V_1<V_2$　　（C）$V_1=V_2$　　（D）V_1，V_2 大小不定

分析解答：（C）

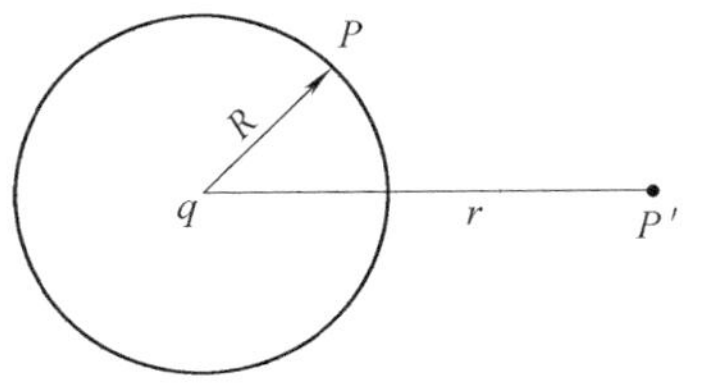

图 9.1

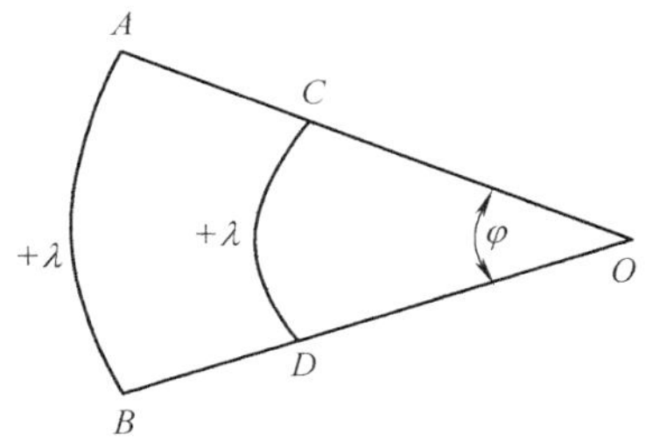

图 9.2

求解方法：设 AB 的半径为 r，在 AB 上取一微元 $\mathrm{d}x$，$\mathrm{d}x$ 对 O 点所张的角为 $\mathrm{d}\varphi$。计算 AB 在 O 点处产生的电势 V_1

$$V_1=\int\frac{1}{4\pi\varepsilon_0}\frac{\lambda\mathrm{d}x}{r}=\frac{\lambda}{4\pi\varepsilon_0}\int\mathrm{d}\varphi=\frac{\lambda\varphi}{4\pi\varepsilon_0}$$

同样，可求得 CD 段在 O 点处产生的电势 V_2

$$V_2=\frac{\lambda\varphi}{4\pi\varepsilon_0}$$

可见 $V_1=V_2$。

9. 将一"无限长"带电细线弯成图9.3（主教材图9.27）所示形状，设电荷均匀分布，电荷线密度为 λ，四分之一圆弧 AB 的半径为 R，试求圆心 O 点的电场强度。

分析解答：以 O 为坐标原点建立 xOy 坐标，如图9.4所示。

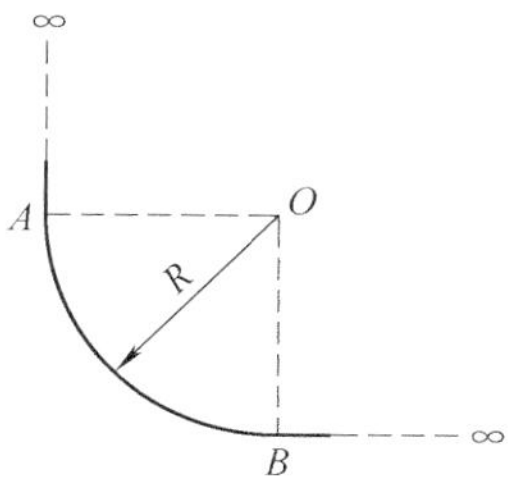

图 9.3

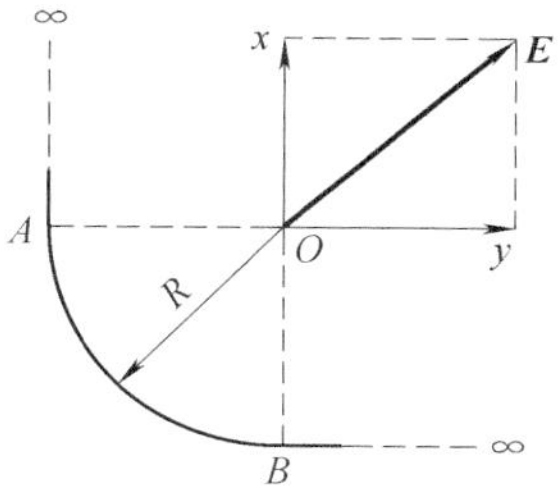

图 9.4

① 对于半无限长导线 $A\infty$ 在 O 点的电场强度，分量的大小有

$$\begin{cases} E_{Ax} = \dfrac{\lambda}{4\pi\varepsilon_0 R}\left(\sin\dfrac{\pi}{2} - \sin 0\right) \\ E_{Ay} = \dfrac{\lambda}{4\pi\varepsilon_0 R}\left(\cos\dfrac{\pi}{2} - \cos\pi\right) \end{cases} \quad (\text{例 9.2 结论})$$

即：
$$\begin{cases} E_{Ax} = \dfrac{\lambda}{4\pi\varepsilon_0 R}，\text{方向沿 } x \text{ 轴负向} \\ E_{Ay} = \dfrac{\lambda}{4\pi\varepsilon_0 R}，\text{方向沿 } y \text{ 轴正向} \end{cases}$$

② 对于半无限长导线 $B\infty$ 在 O 点的电场强度，分量的大小有

$$\begin{cases} E_{By} = \dfrac{\lambda}{4\pi\varepsilon_0 R}\left(\sin\pi - \sin\dfrac{\pi}{2}\right) \\ E_{Bx} = \dfrac{\lambda}{4\pi\varepsilon_0 R}\left(\cos\dfrac{\pi}{2} - \cos\pi\right) \end{cases} \quad (\text{与例 9.2 中的坐标轴颠倒})$$

即：
$$\begin{cases} E_{Bx} = \dfrac{\lambda}{4\pi\varepsilon_0 R}，\text{方向沿 } x \text{ 轴正向} \\ E_{By} = \dfrac{\lambda}{4\pi\varepsilon_0 R}，\text{方向沿 } y \text{ 轴负向} \end{cases}$$

③ 对于 AB 圆弧在 O 点的电场强度，有

$$\begin{cases} E_{ABy} = \displaystyle\int_0^{\frac{\pi}{2}} \frac{\lambda}{4\pi\varepsilon_0 R}\cos\theta \mathrm{d}\theta = \frac{\lambda}{4\pi\varepsilon_0 R}\left(\sin\frac{\pi}{2} - \sin 0\right) \\ E_{ABx} = \displaystyle\int_0^{\frac{\pi}{2}} \frac{\lambda}{4\pi\varepsilon_0 R}\sin\theta \mathrm{d}\theta = \frac{\lambda}{4\pi\varepsilon_0 R}\left(\cos 0 - \cos\frac{\pi}{2}\right) \end{cases}$$

即：
$$\begin{cases} E_{ABy} = \dfrac{\lambda}{4\pi\varepsilon_0 R}，\text{方向沿 } y \text{ 轴正向} \\ E_{ABx} = \dfrac{\lambda}{4\pi\varepsilon_0 R}，\text{方向沿 } x \text{ 轴正向} \end{cases}$$

综合以上结果有

$$E_{Ox}=-\frac{\lambda}{4\pi\varepsilon_0 R}+\frac{\lambda}{4\pi\varepsilon_0 R}+\frac{\lambda}{4\pi\varepsilon_0 R}=\frac{\lambda}{4\pi\varepsilon_0 R}$$，方向沿 x 轴正向

$$E_{Oy}=\frac{\lambda}{4\pi\varepsilon_0 R}-\frac{\lambda}{4\pi\varepsilon_0 R}+\frac{\lambda}{4\pi\varepsilon_0 R}=\frac{\lambda}{4\pi\varepsilon_0 R}$$，方向沿 y 轴正向

得总电场强度：$\boldsymbol{E}_O=\frac{\lambda}{4\pi\varepsilon_0 R}(\boldsymbol{i}+\boldsymbol{j})$

或写成：$E_O=\sqrt{E_{Ox}^2+E_{Oy}^2}=\frac{\sqrt{2}\lambda}{4\pi\varepsilon_0 R}$，方向 45°，如图 9.4 所示。

10. 一个半径为 R 的均匀带电半圆环，电荷线密度为 λ，求环心处 O 点的电场强度。

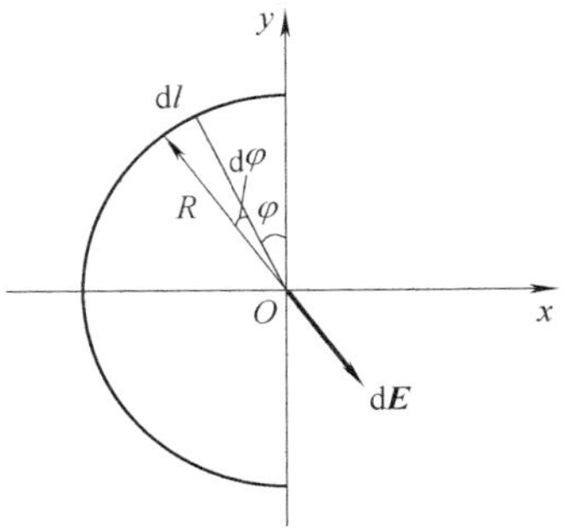

图 9.5

分析解答：如图 9.5 所示，在圆上取 $\mathrm{d}l=R\mathrm{d}\varphi$。
$\mathrm{d}q=\lambda\mathrm{d}l=R\lambda\mathrm{d}\varphi$，它在 O 点产生的电场强度大小为

$$\mathrm{d}E=\frac{\lambda R\mathrm{d}\varphi}{4\pi\varepsilon_0 R^2}$$

方向沿半径向外，如图 9.5 所示。
则

$$\mathrm{d}E_x=\mathrm{d}E\sin\varphi=\frac{\lambda}{4\pi\varepsilon_0 R}\sin\varphi\mathrm{d}\varphi$$

$$\mathrm{d}E_y=\mathrm{d}E\cos\varphi=\frac{\lambda}{4\pi\varepsilon_0 R}\cos\varphi\mathrm{d}\varphi$$

积分

$$E_x=\int_0^{\pi}\frac{\lambda}{4\pi\varepsilon_0 R}\sin\varphi\mathrm{d}\varphi=\frac{\lambda}{2\pi\varepsilon_0 R}$$

$$E_y=\int_0^{\pi}\frac{\lambda}{4\pi\varepsilon_0 R}\cos\varphi\mathrm{d}\varphi=0$$

于是 $E=E_x=\frac{\lambda}{2\pi\varepsilon_0 R}$，方向沿 x 轴正向。

11. 一半径为 R 的半球面，均匀地带有电荷，电荷面密度为 σ，求球心 O 处的电场强度。

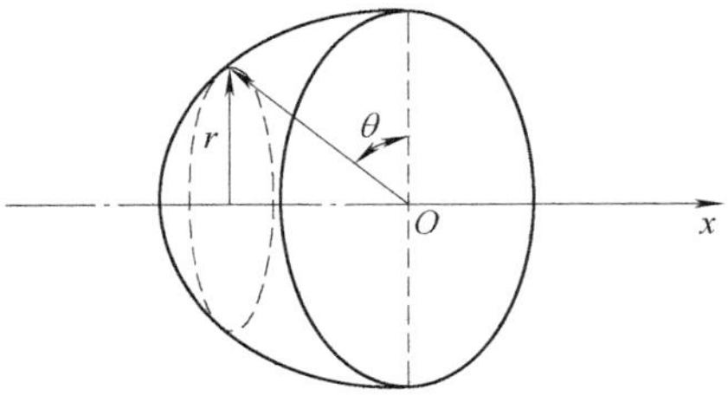

图 9.6

分析解答：如图 9.6 所示，把球面分割成许多球面环带，环带宽为 $\mathrm{d}l=R\mathrm{d}\theta$，所带电荷 $\mathrm{d}q=2\pi r\sigma\mathrm{d}l$。
利用例 9.3 结论，有

$$\mathrm{d}E=\frac{x\mathrm{d}q}{4\pi\varepsilon_0(r^2+x^2)^{\frac{3}{2}}}=\frac{\sigma\cdot 2\pi r x\mathrm{d}l}{4\pi\varepsilon_0(r^2+x^2)^{\frac{3}{2}}}$$

所以，有

$$\mathrm{d}E=\frac{\sigma\cdot 2\pi R\cos\theta\cdot R\sin\theta\cdot R\mathrm{d}\theta}{4\pi\varepsilon_0[R\cos\theta)^2+(R\sin\theta)^2]^{\frac{3}{2}}}$$

化简，积分，计算得

$$E=\frac{\sigma}{2\varepsilon_0}\int_0^{\frac{\pi}{2}}\frac{1}{2}\sin2\theta\mathrm{d}\theta=\frac{\sigma}{4\varepsilon_0}$$

考虑到方向，有

$$\boldsymbol{E}=\frac{\sigma}{4\varepsilon_0}\boldsymbol{i}$$

12. 如图 9.7（主教材图 9.28）所示，一厚度为 d 的“无限大”均匀带电平板，电荷体密度为 ρ。求板内、外的电场强度分布，并画出电场强度随坐标 x 变化的图线，即 $E-x$ 曲线（设原点在带电平板的中央平面上，Ox 轴垂直于平板）。

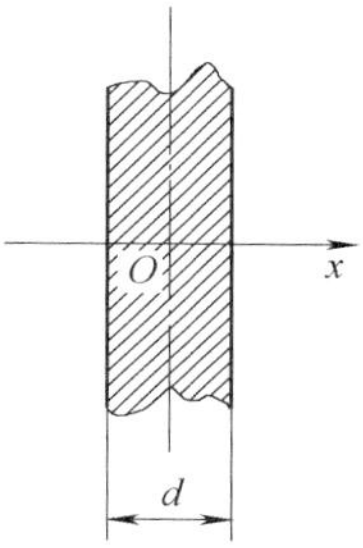

图　9.7

分析解答：在平板内作一个被平板的中间面垂直平分、底面积为 ΔS 的闭合圆柱面 S_1（或 S_2）为高斯面。

当 $|x|\leqslant d/2$ 时，由 $\oint_{S_1}\boldsymbol{E}\cdot\mathrm{d}\boldsymbol{S}=2E\cdot\Delta S$ 和 $\sum q=2x\rho\Delta S$，有

$$E=\frac{\rho x}{\varepsilon_0}$$

当 $|x|>d/2$ 时，由 $\oint_{S_2}\boldsymbol{E}\cdot\mathrm{d}\boldsymbol{S}=2E\cdot\Delta S$ 和 $\sum q=d\rho\Delta S$，有

$$E=\frac{\rho d}{2\varepsilon_0}$$

图像如图 9.8 所示。

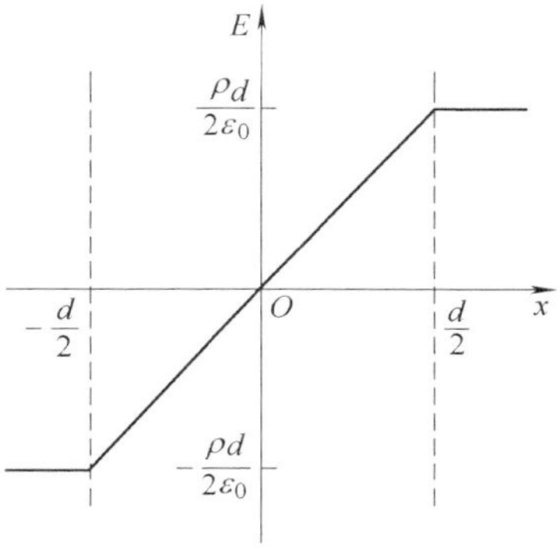

图　9.8

13. 两无限长同轴圆柱面，半径分别为 R_1 和 R_2（$R_2>R_1$），分别带有等量异号电荷（内圆柱面带正电），且两圆柱面沿轴线每单位长度所带电荷的数值都为 λ。试分别求出以下三区域中离圆柱面轴线为 r 处的电场强度：（1）$r<R_1$；（2）$r>R_2$；（3）$R_1<r<R_2$。

分析解答：由高斯定理

$$\oint_S\boldsymbol{E}\cdot\mathrm{d}\boldsymbol{S}=\frac{\sum q}{\varepsilon_0}$$

取高为 l、半径为 r 的同轴圆柱形高斯面，侧面积 $S=2\pi rl$，则

$$\oint_S \boldsymbol{E}\cdot \mathrm{d}\boldsymbol{S} = E2\pi rl$$

（1）当 $r<R_1$ 时，$\sum q = 0$，$E=0$

（2）当 $R_1<r<R_2$ 时，$\sum q = l\lambda$

因此，$E=\dfrac{\lambda}{2\pi\varepsilon_0 r}$ 方向沿径向向外

（3）当 $r>R_2$ 时，$\sum q = 0$

故 $$E=0$$

14. 一无限长、半径为 R 的圆柱体上电荷均匀分布。圆柱体单位长度的电荷为 λ，用高斯定理求圆柱体内、外距轴线距离为 r 处的电场强度。

分析解答： 应用高斯定理 $\oint_S \boldsymbol{E}\cdot \mathrm{d}\boldsymbol{S} = \sum q/\varepsilon_0$。考虑以带电圆柱体的轴为中轴、半径为 r、长为 l 的圆柱面为高斯面。

（1）当 $r<R$ 时，$2\pi rl\cdot E=\dfrac{1}{\varepsilon_0}\dfrac{\pi r^2 l}{\pi R^2 l}\cdot\lambda l=\dfrac{r^2}{\varepsilon_0 R^2}\cdot\lambda l$，有 $E=\dfrac{\lambda r}{2\pi\varepsilon_0 R^2}$；

（2）当 $r>R$ 时，$2\pi rl\cdot E=\dfrac{\lambda l}{\varepsilon_0}$，则 $E=\dfrac{\lambda}{2\pi\varepsilon_0 r}$；

故

$$E=\begin{cases}\dfrac{\lambda r}{2\pi\varepsilon_0 R^2} & (r<R)\\[2ex] \dfrac{\lambda}{2\pi\varepsilon_0 r} & (r>R)\end{cases}$$

电场强度分布情况如图 9.9 所示。

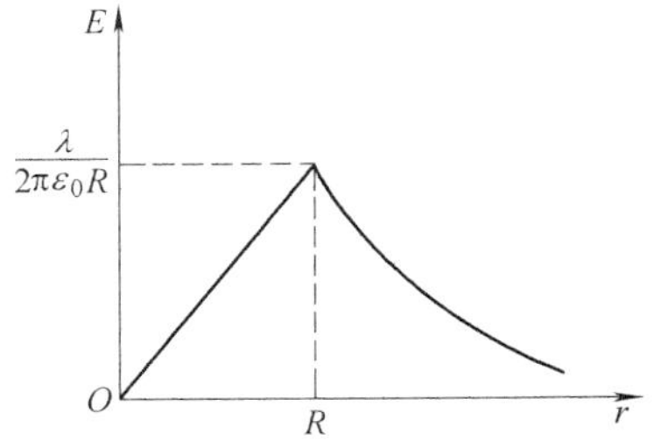

图 9.9

15. 一无限大均匀带电薄平板，电荷面密度为 σ，在平板中部有一半径为 r 小圆孔，如图 9.10（主教材图 9.29）所示。求圆孔中心轴线上与平板相距为 x 的一点 P 的电场强度。

分析解答： 利用电场强度叠加原理求解。

电荷面密度为 σ（设为正）的无限大均匀带电薄平板，在周围产生电场强度为 $\sigma/2\varepsilon_0$ 的匀强电场，方向垂直板面向外，对 P 点，方向沿 x 轴的正向。

半径为 r、均匀带负电、电荷面密度为 σ 的圆盘，在 P 点处产生的电场强度为（利用例 9.4 的结论）

$$E=\frac{\sigma}{2\varepsilon_0}\left[1-\frac{x}{(r^2+x^2)^{\frac{1}{2}}}\right]$$

方向沿 x 轴的负向。

利用电场强度叠加原理，对于本题中的带电板，在 P 点处产生的电场强度为

$$E=\frac{\sigma}{2\varepsilon_0}-\frac{\sigma}{2\varepsilon_0}\left[1-\frac{x}{(r^2+x^2)^{\frac{1}{2}}}\right]$$

$$=\frac{\sigma}{2\varepsilon_0}\cdot\frac{x}{\sqrt{r^2+x^2}}$$

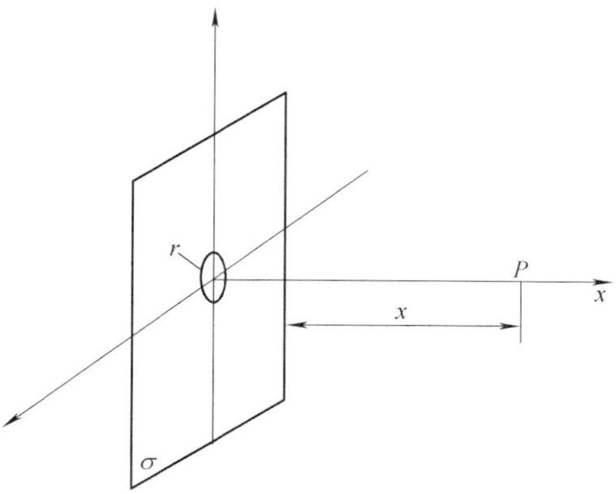

图　9.10

16. 如图 9.11（主教材图 9.30）所示，绝缘细线上均匀分布着线密度为 λ 的正电荷，两直导线的长度和半圆环的半径均为 R。试求环中心 O 点处的电场强度和电势。

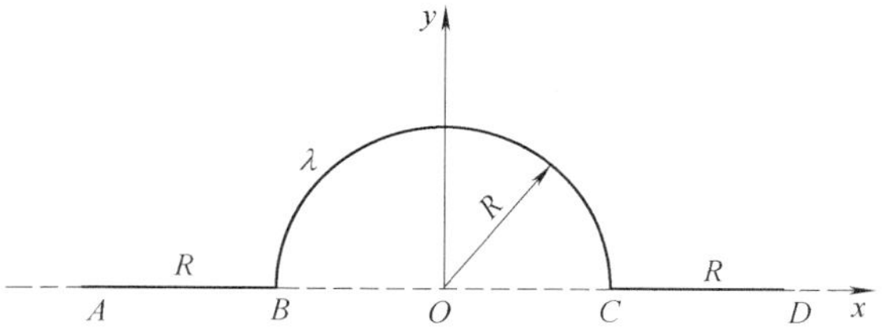

图　9.11

分析解答：

(1) 求 O 点处的电场强度。

把带电体分成三段：AB、BC、CD，其中 AB 段与 CD 段在 O 点处产生的电场强度大小相等，方向相反，相互抵消。BC 段带电半圆弧在 O 点处产生的电场强度计算如下：

以带电半圆形的圆心处为坐标原点，向右为正方向，建一个坐标系。

在与水平方向成 θ 角的地方，取一带电元 $\mathrm{d}l$，则其带电荷量

$$\mathrm{d}q=\lambda\,\mathrm{d}l$$

其在圆心处产生的电场强度 $\mathrm{d}\boldsymbol{E}$ 的大小为

$$\mathrm{d}E=\frac{1}{4\pi\varepsilon_0}\frac{\mathrm{d}q}{R^2}=\frac{\lambda}{4\pi\varepsilon_0}\frac{\mathrm{d}l}{R^2}$$

方向如图 9.12 所示。

把 $\mathrm{d}\boldsymbol{E}$ 沿水平方向（x 方向）和竖直方向（y 方向）分解。再取一个与带电元 $\mathrm{d}l$ 关于 y 轴对称的点电荷 $\mathrm{d}l'$，同样点电荷 $\mathrm{d}l'$在圆心处产生的电场强度 $\mathrm{d}\boldsymbol{E}'$沿 x 方向和 y 方向分解，其中在水平方向的分量相加后相消，对合电场强度没有影

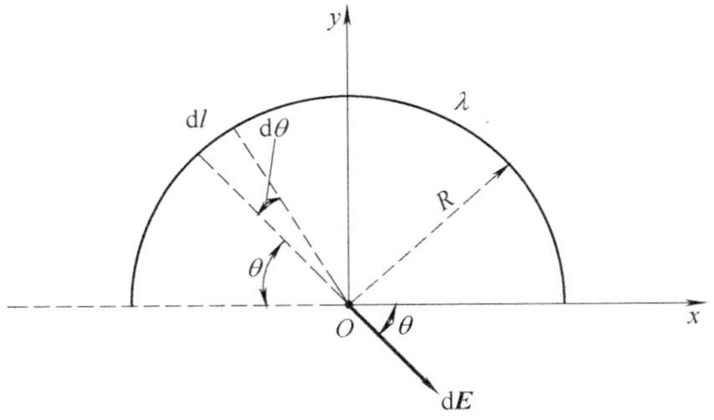

图 9.12

响。这样，各个微元在竖直方向上电场强度分量的合成，即为总电场强度。

$$E = \int \mathrm{d}E\sin\theta = \int \frac{\lambda}{4\pi\varepsilon_0 R^2}\sin\theta\mathrm{d}l$$

利用 $\mathrm{d}l = R\mathrm{d}\theta$，则

$$E = \frac{\lambda}{4\pi\varepsilon_0 R}\int_0^{\pi}\sin\theta\mathrm{d}\theta = \frac{\lambda}{2\pi\varepsilon_0 R}$$

$\boldsymbol{E}$ 的方向竖直向下，写成矢量式，O 点处的电场强度为

$$\boldsymbol{E} = -\frac{\lambda}{2\pi\varepsilon_0 R}\boldsymbol{j}$$

（2）计算 O 点处的电势。

AB 段在 O 点处产生的电势与 CD 段在 O 点处产生的电势相等，电势值的计算如下：

在 CD 段上坐标为 x 的地方取一个带电元 $\mathrm{d}x$，其电荷量为 $\mathrm{d}q = \lambda\mathrm{d}x$，这个点电荷在 O 点处产生的电势为

$$\mathrm{d}V = \frac{1}{4\pi\varepsilon_0}\frac{\mathrm{d}q}{x} = \frac{1}{4\pi\varepsilon_0}\frac{\lambda\mathrm{d}x}{x}$$

CD 段在 O 点处产生的电势为

$$V_{CD} = \int_C^D \mathrm{d}V = \frac{\lambda}{4\pi\varepsilon_0}\int_R^{2R}\frac{\mathrm{d}x}{x} = \frac{\lambda}{4\pi\varepsilon_0}\ln 2$$

BC 段在 O 点处产生的电势的计算：在 BC 段上取一个带电元 $\mathrm{d}l$，其电荷量为 $\mathrm{d}q = \lambda\mathrm{d}l$，这个点电荷在 O 点处产生的电势为

$$\mathrm{d}V = \frac{1}{4\pi\varepsilon_0}\frac{\mathrm{d}q}{R} = \frac{\lambda}{4\pi\varepsilon_0}\frac{\mathrm{d}l}{R}$$

BC 段在 O 点处产生的电势为

$$V_{BC} = \int_B^C \mathrm{d}V = \frac{\lambda}{4\pi\varepsilon_0 R}\int_B^C \mathrm{d}l = \frac{\lambda}{4\pi\varepsilon_0 R}\pi R = \frac{\lambda}{4\varepsilon_0}$$

所以 O 点处的总电势为

$$V=2V_{CD}+V_{BC}=\frac{\lambda}{2\pi\varepsilon_0}\ln 2+\frac{\lambda}{4\varepsilon_0}$$

17. 电荷量 Q 均匀分布在半径为 R 的球体内，如图 9.13 所示。试求离球心 r 处（$r<R$）P 点的电势。

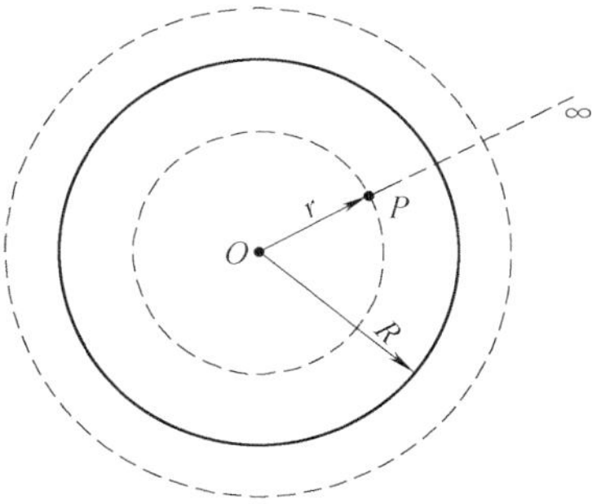

图　9.13

分析解答：利用高斯定理：$\oint_S \boldsymbol{E}\cdot \mathrm{d}\boldsymbol{S}=\frac{1}{\varepsilon_0}\sum_{S内} q$ 可求得电场的分布。

（1）$r<R$ 时，$4\pi r^2 E_{内}=\frac{Q}{\varepsilon_0}\cdot\frac{r^3}{R^3}$，有：$E_{内}=\frac{Qr}{4\pi\varepsilon_0 R^3}$；

（2）$r>R$ 时，$4\pi r^2 E_{外}=\frac{Q}{\varepsilon_0}$，有：$E_{外}=\frac{Q}{4\pi\varepsilon_0 r^2}$；离球心 r 处（$r<R$）的电势：$V_r=\int_r^R E_{内}\cdot \mathrm{d}r+\int_R^{\infty} E_{外}\cdot \mathrm{d}r$，即

$$V_r=\int_r^R \frac{Qr}{4\pi\varepsilon_0 R^3}\cdot \mathrm{d}r+\int_R^{\infty}\frac{Q}{4\pi\varepsilon_0 r^2}\cdot \mathrm{d}r=\frac{3Q}{8\pi\varepsilon_0 R}-\frac{Qr^2}{8\pi\varepsilon_0 R^3}$$

18. 两个半径分别为 R_1 和 R_2（$R_1<R_2$）的同心薄金属球壳，现给内球壳带电荷 $+q$，试计算：

（1）外球壳上的电荷分布及电势大小；

（2）先把外球壳接地，然后断开接地线重新绝缘，此时外球壳的电荷分布及电势；

*（3）再使内球壳接地，此时内球壳上的电荷以及外球壳上的电势的改变量。

分析解答：

（1）内球带电荷 $+q$；球壳内表面带电荷则为 $-q$，外表面带电荷为 $+q$，且均匀分布，其电势

$$V=\int_{R_2}^{\infty}\boldsymbol{E}\cdot \mathrm{d}\boldsymbol{r}=\int_{R_2}^{\infty}\frac{q\mathrm{d}r}{4\pi\varepsilon_0 r^2}=\frac{q}{4\pi\varepsilon_0 R}$$

（2）外壳接地时，外表面电荷 $+q$ 入地，外表面不带电，内表面电荷仍为 $-q$。所以球壳电势由内球 $+q$ 与内表面 $-q$ 产生

$$V=\frac{q}{4\pi\varepsilon_0 R_2}-\frac{q}{4\pi\varepsilon_0 R_2}=0$$

（3）设此时内球壳带电荷量为 q'；则外壳内表面带电荷量为 $-q'$，外壳外表

面带电荷量为 $-q+q'$（电荷守恒），此时内球壳电势为零（见图 9.14），且

$$V_A=\frac{q'}{4\pi\varepsilon_0R_1}-\frac{q'}{4\pi\varepsilon_0R_2}+\frac{-q+q'}{4\pi\varepsilon_0R_2}=0$$

得
$$q'=\frac{R_1}{R_2}q$$

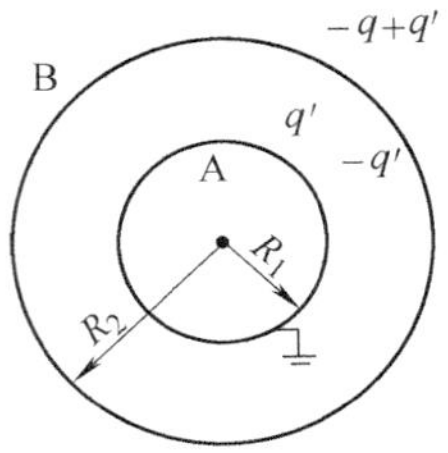

图 9.14

外球壳上电势

$$V_B=\frac{q'}{4\pi\varepsilon_0R_2}-\frac{q'}{4\pi\varepsilon_0R_2}+\frac{-q+q'}{4\pi\varepsilon_0R_2}=\frac{(R_1-R_2)q}{4\pi\varepsilon_0R_2^2}$$

19. 根据电场强度 $\boldsymbol{E}$ 与电势 V 的关系 $\boldsymbol{E}=-\nabla V$，求下列电场的电场强度：

（1）点电荷 q 的电场；

（2）总电荷量为 q，半径为 R 的均匀带电圆环轴上一点；

*（3）偶极子 $p=ql$ 的 $r>>l$ 处（见图 9.15）。

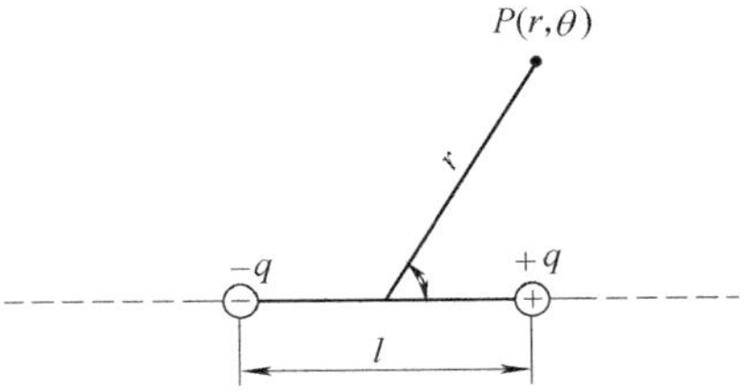

图 9.15

分析解答：（1）点电荷 $V=\dfrac{q}{4\pi\varepsilon_0r}$

因此 $\boldsymbol{E}=-\dfrac{\partial V}{\partial r}\boldsymbol{r}_0=\dfrac{q}{4\pi\varepsilon_0r^2}\boldsymbol{r}_0$，$\boldsymbol{r}_0$ 为 r 方向单位矢量。

（2）总电荷量为 q，半径为 R 的均匀带电圆环轴上一点电势为

$$V=\frac{q}{4\pi\varepsilon_0\sqrt{R^2+x^2}}$$

因此
$$\boldsymbol{E}=-\frac{\partial V}{\partial x}\boldsymbol{i}=\frac{qx}{4\pi\varepsilon_0(R^2+x^2)^{3/2}}\boldsymbol{i}$$

（3）偶极子 $\boldsymbol{p}=q\boldsymbol{l}$ 在 $r>>l$ 处的一点电势为

$$V=\frac{q}{4\pi\varepsilon_0}\left[\frac{1}{\left(r-\frac{l}{2}\cos\theta\right)}-\frac{1}{\left(1+\frac{l}{2}\cos\theta\right)}\right]=\frac{ql\cos\theta}{4\pi\varepsilon_0r^2}$$

因此
$$E_r=-\frac{\partial V}{\partial r}=\frac{p\cos\theta}{2\pi\varepsilon_0r^3}$$

$$E_\theta=-\frac{1}{r}\frac{\partial V}{\partial\theta}=\frac{p\sin\theta}{4\pi\varepsilon_0r^3}$$

第十章　静电场中的导体和电介质

本章知识体系结构图

一、静电场中的导体

静电感应现象

处在外电场中的导体，其内部的自由电子沿外电场方向运动，使垂直外电场方向的两端表面带上等量异号电荷。

静电平衡条件

静电平衡时，导体内部的电场强度处处为零；导体表面附近的电场强度处处与表面垂直。

静电平衡时导体的基本性质

（1）导体内部和表面各点的电势都相等，即整个导体是个等势体，导体表面是个等势面。

（2）导体上的电荷分布情况。

（3）带电导体表面附近的电场强度大小为

$$E=\frac{\sigma}{\varepsilon_0}$$

电容　电容器

1.电容器的电容

$$C=\frac{q}{U}$$

2. 几种常见电容器的电容

（1）平行板电容器的电容

$$C=\frac{\varepsilon S}{d}$$

（2）圆柱形电容器的电容

$$C=\frac{2\pi\varepsilon_0 l}{\ln\dfrac{R_B}{R_A}}$$

（3）球形电容器的电容

$$C=\frac{4\pi\varepsilon_0 R_A R_B}{R_B-R_A}$$

3.电容器的并联

$$C=\sum_{i=1}^{n}C_i$$

4. 电容器的串联

$$\frac{1}{C}=\sum_{i=1}^{n}\frac{1}{C_i}$$

二、静电场中的电介质

电介质的极化现象

电场中的各向同性均匀电介质在垂直外电场方向的两端表面出现等量异号的极化电荷。

介质极化对电场分布的影响

$$E=\frac{E_0}{\varepsilon_r}$$

极化电荷与自由电荷的关系

（1）极化电荷面密度与自由电荷面密度的关系

$$\sigma'=\frac{\varepsilon_r-1}{\varepsilon_r}\sigma$$

（2）极化电荷电荷量与自由电荷电荷量的关系

$$q'=\frac{\varepsilon_r-1}{\varepsilon_r}q$$

电位移矢量 $\boldsymbol{D}$　在各向同性均匀电介质中，电位移矢量$\boldsymbol{D}$与电场强度$\boldsymbol{E}$的关系为

$$\boldsymbol{D}=\varepsilon_r\varepsilon_0\boldsymbol{E}=\varepsilon\boldsymbol{E}$$

介质中的高斯定理

$$\oint_S\boldsymbol{D}\cdot d\boldsymbol{S}=\sum_{S内}q$$

三、电流 稳恒电场 电动势

1. 电流与电流密度

$$i=\frac{dq}{dt}=\int_S\boldsymbol{j}\cdot d\boldsymbol{S}$$

2. 电动势

（1）定义：把单位正电荷从负极经电源内部移到正极非静电力所做的功。

（2）表达式1

$$\mathscr{E}=\int_-^+\boldsymbol{E}_k\cdot d\boldsymbol{l}$$

（3）表达式2

$$\mathscr{E}=\oint_L\boldsymbol{E}_k\cdot d\boldsymbol{l}$$

3.稳恒电场

四、电场的能量

1. 电容器的储能公式

$$W_e=\frac{1}{2}\frac{Q^2}{C}=\frac{1}{2}CU^2=\frac{1}{2}UQ$$

2. 电场能量密度

$$w_e=\frac{dW_e}{dV}=\frac{1}{2}\varepsilon E^2=\frac{1}{2}\boldsymbol{D}\cdot\boldsymbol{E}$$

3. 电场的能量

$$W_e=\int_V w_e dV=\int_V\frac{1}{2}\varepsilon E^2 dV$$

在第九章中介绍了真空中静电场对电荷有力的作用和对运动电荷做功这两个性质之后，这一章将介绍静电场与物质之间的相互作用与影响问题，以及相应知识的应用。

现实生活中，静电场所在的空间往往存在某些物体，例如导体或绝缘体。因为物质是由原子组成的，而原子是由带正电的原子核和带负电的电子组成的，静电场与这些正、负电荷之间有力的作用，所以物质与静电场之间必然会产生相互作用和相互影响。

这一章前两节，介绍静电场中的导体所表现出的物理现象和基本规律，由导体组成的一种重要器件——电容器，静电屏蔽、尖端放电等知识的应用；在第三节，介绍静电场中的电介质所表现出的物理现象和规律；第四节介绍稳恒电场的有关知识；最后一节介绍静电场的能量。

主要问题的分类及对策

主要问题一：静电场中的导体，处于静电平衡状态时的性质

1. 导体内部的电场强度

处于静电平衡状态时，导体内部的电场强度处处为零。

2. 电势分布

静电平衡时，导体内部和表面各点的电势都相等，即整个导体是个等势体，导体表面是个等势面。

3. 带电导体上的电荷分布

静电平衡时实心导体内部没有净电荷存在，净电荷只分布在导体的表面上。表面曲率较大处，电荷面密度较大。

4. 带电导体表面附近的电场强度

导体表面附近的电场强度方向处处与表面垂直，电场强度的大小与该处导体的电荷面密度成正比，即

$$E = \frac{\sigma}{\varepsilon_0}$$

在掌握此基础知识的基础上，再进一步理解静电场中导体基本性质的应用，如静电屏蔽、尖端放电等。

主要问题二：静电场中的电介质

1. 基本现象

处于静电场中的各向同性均匀电介质，其内部将产生感生的分子电偶极矩，或者固有分子电偶极矩将增大并沿外电场方向取向，使垂直于外电场方向的两端表面出现等量、异号的极化电荷，这个现象称为电介质的极化现象。

2. 电介质极化现象对原静电场的影响

在电场强度大小为 E_0 的真空中，引入各向同性均匀电介质后，介质表面出现的极化电荷产生的退极化场一定削弱原电场 E_0，使现在空间的电场强度减小。

为了描述这种影响，引入电介质的“相对电容率”的概念：

$$E=\frac{E_0}{\varepsilon_r}$$

式中，E 是空间有电介质后的电场强度的大小；ε_r 称为电介质的相对电容率，且 $\varepsilon_r>1$。电介质对原电场影响越大，电介质的相对电容率 ε_r 越大。

为什么有电介质时静电场所在的空间电场强度只是减小，而不像静电场中的导体那样，导体内部的电场强度处处为零呢？

原因是导体与电介质二者之间相比导电性不同：导体之所以称为导体，是因为导体内有大量的可以自由移动的电子，而电介质内部没有大量可以自由移动的电子，原子中的电子是受束缚的，不可以自由移动。所以极化电荷的电荷量与静电场中导体上出现的电荷量相差很大，极化电荷产生的退极化场不足以抵消原电场，只能使电介质所在的空间的电场强度减小，而不能减到零。可见，宏观上表现出的物理现象与微观世界有着必然的联系！

3. 有电介质时的静电场的基本性质

（1）电位移矢量 $\boldsymbol{D}$　在各向同性的均匀电介质中，电位移矢量 $\boldsymbol{D}$ 与电场强度 $\boldsymbol{E}$ 的关系为

$$\boldsymbol{D}=\varepsilon_0\varepsilon_r\boldsymbol{E}=\varepsilon\boldsymbol{E}$$

式中，$\varepsilon=\varepsilon_0\varepsilon_r$ 称为介质的绝对电容率，简称介质的电容率。

（2）电介质中的高斯定理　通过闭合曲面的 $\boldsymbol{D}$ 通量，等于这闭合曲面所包围的自由电荷的代数和，即

$$\oint_S \boldsymbol{D}\cdot \mathrm{d}\boldsymbol{S}=\sum_{S内} q$$

在均匀电介质中，对于球对称、轴对称和面对称的电场分布，可利用介质中的高斯定理先求出 $\boldsymbol{D}$ 分布，再利用 $\boldsymbol{D}$ 和 $\boldsymbol{E}$ 的关系求出 $\boldsymbol{E}$ 分布，如例 10.3。

（3）静电学公式　从表达式形式上看，空间有各向同性的电介质存在后，上一章学过的所有的真空情况下的静电学公式中的 ε_0 替换为 ε 即可。

主要问题三：稳恒电场

要产生稳恒电场，必须有稳恒电流，要产生稳恒电流，必须有电源。所以这一节中，除了学习电流的有关知识外，还介绍了电源——一种能提供非静电力的装置。

另外，介绍稳恒电场与静电场的区别与联系。

主要问题四：静电场的能量

大量的实验证明电场具有能量。电场具有的能量与什么有关？

从静电场的能量密度公式可以获得答案，即

$$w_e = \frac{1}{2}\varepsilon E^2$$

问题讨论

问题1：若空腔导体内无带电体，则空腔内表面上无净电荷，空腔内无电场，腔内是等势区。

分析解答：在导体中取一高斯面将空腔内表面包围在内，因为静电平衡时导体内部任何点的电场强度皆为零，所以通过该高斯面的电通量为零，高斯面内的净电荷也必为零。这样就证明导体内表面上无净电荷。

那么空腔内表面上某两个部分可不可能带等量异号电荷呢？回答是不可能。设想空腔内表面上某两个部分带等量异号电荷，则这两部分之间一定有电场线，这两部分之间一定有电势差，即这两部分不是等势的，这与静电平衡时导体是等势体相矛盾，所以导体内表面上无净电荷存在，空腔内无电场，腔内是等势区。

问题2：若空腔导体内有带电体，腔的内表面会感应出等量的异号电荷，腔内电荷与内表面上的感应电荷等量异号，腔内电荷与内表面上的感应电荷之间有电场线，同时，空腔外表面相应地出现与腔内电荷等量同号电荷。如果空腔导体本身带电，则导体外表面所带的电荷量为二者之和。

分析解答：在导体中取一高斯面将空腔内表面包围在内，因为静电平衡时导体内部任何点的电场强度皆为零，所以通过该高斯面的电通量为零，高斯面内的净电荷也必为零。由于空腔导体内有带电体，只有腔的内表面感应出等量的异号电荷，才能保证高斯面内的净电荷是零。

空腔导体内有带电体，空腔内表面感应出等量的异号电荷，正负电荷之间存在电场，所以腔内电荷与内表面上的感应电荷之间有电场线。

如果空腔导体本身不带电，现在空腔导体内表面出现感应电荷，为了保持原来的电中性，空腔导体的外表面一定要出现与腔内电荷同号、等量的电荷；如果空腔导体外表面原来本身就带电荷，则导体外表面所带的电荷量为二者之和。

问题3：如图10.1（主教材图10.19）所示，用导线将电阻 R 与已充电的电容器连接起来，则正电荷从正极板通过电阻流向负极板，形成电流 i。电流 i 随时间如何变化？

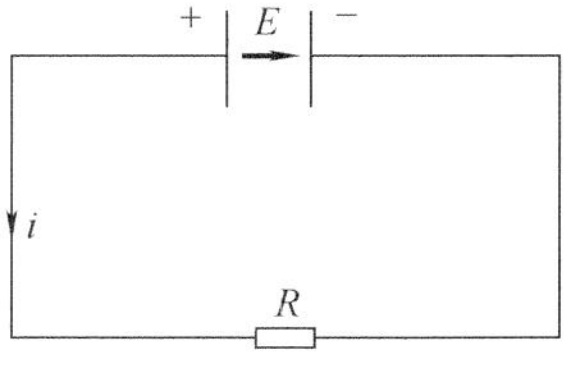

图　10.1

分析解答：

用导线将电阻 R 与已充电的电容器连接起来之

后，随着时间的变化，电容器极板上的电荷量越来越少，电流 i 也越来越小，直到最后极板上的电荷量为零，回路中的电流也为零，这是电容器放电过程。

设放电前电容器 C 两极板上带的电荷量为 Q，极板间电势差为 U，放电开始后的 t 时刻电容器两极板带的电荷量为 q，极板间的电势差为 u。

根据闭合电路的欧姆定律，有

$$u - iR = 0$$

代入 $u = q/C$、$i = -\mathrm{d}q/\mathrm{d}t$，有

$$\frac{q}{C} + R\frac{\mathrm{d}q}{\mathrm{d}t} = 0$$

分离变量 q 和 t

$$\frac{\mathrm{d}q}{q} = -\frac{1}{RC}\mathrm{d}t$$

考虑初始到某一时刻 t，对上式求定积分

$$\int_Q^q \frac{\mathrm{d}q}{q} = -\frac{1}{RC}\int_0^t \mathrm{d}t$$

解得

$$q = Q\mathrm{e}^{-\frac{1}{RC}t}$$

进一步可以求得

$$i = \frac{\mathrm{d}q}{\mathrm{d}t} = -\frac{U}{R}\mathrm{e}^{-\frac{1}{RC}t}$$

式中，RC 的值称为电路的时间常数，该值的大小决定了电路充电时间的长短。

问题 4：在日常生活中，有什么例子可以说明电场具有能量？

分析解答：

1）相机的闪光灯。相机中的电池先给相机中的电容充电，把化学能转化为电容器中电场的能量。在打开闪光灯时，电场能量转化为光能。

2）闪电。如主教材中彩页所示。生活中有不少实例可以说明闪电具有很大的能量：烧毁树木、烧毁电力设施等。

3）加速粒子。示波管中电子运动的动能来源于电场的能量，回旋加速器和强子对撞机中对粒子的加速原理也是如此。

填空题及答案

1. 静电场中的导体，在达到静电平衡状态时，具有导体内部电场强度处处为零、导体表面处电场强度的方向垂直于表面、导体为等势体、导体内部没有净电荷，导体所带的电荷只能分布在导体的表面上等性质。

2. 静电场的导体处于静电平衡状态时，导体表面某处周围的电荷面密度为

σ，该处附近电场强度的方向与表面垂直，大小为σ/ε_0 或σ/ε。

3. 极板面积为 S、间距为 d、充有电容率为 ε 的电介质的平行板电容器的电容等于$\varepsilon S/d$。

4. 静电场中放入各向同性均匀电介质后，电介质所在空间的电场强度将减小。

5. 假设在平行板电容器两极板间插入一薄金属板，薄金属板的厚度比电容器两极板间距小很多，可忽略不计。则插入薄金属板后，电容器的电容有无变化不变；如果插入有厚度的金属板，电容器的电容有无变化变大。

6. 电源电动势的定义式可写成 $\mathscr{E}=\int_{-内}^{+}\boldsymbol{E}_{\mathrm{k}}\cdot \mathrm{d}\boldsymbol{l}$，它的大小等于把单位正电荷从电源负极经内部移到正极板时非静电力所做的功。

7. 静电场的能量密度 $w_{\mathrm{e}}=\varepsilon_0E^2/2$ 或$\varepsilon E^2/2$ 或$\boldsymbol{D}\cdot\boldsymbol{E}/2$。

思考与练习解答

1. 为什么高压电器设备上金属部件的表面要尽可能没有棱角？

分析解答：高压电器设备上金属部件的表面如果有棱角，在金属部件带电时，有棱角的地方电荷的面密度大，电场强度大，因而该处易产生放电现象，消耗电能。

2. 电子仪器的外壳通常采用金属板，如微型计算机、示波器等，为什么？

分析解答：电子仪器的外壳通常采用金属板，一方面由于与保护线相连，起对人员保护作用，另一方面对仪器内部件起到静电屏蔽作用。

3. 假设在平行板电容器两极板间插入一薄金属板，薄金属板的厚度比电容器两极板间距小很多，可忽略不计。试问插入金属板后，电容器的电容有无变化？

分析解答：以真空情况下的平行板电容器为例。插入薄金属板前电容器的电容为 $C=\varepsilon_0S/d$，插入薄金属板后的电容器可以看成是两个电容器的串联，设这两个串联的平行板电容器间距分别为 d_1 和 d_2，由式

$$\frac{1}{C}=\frac{1}{C_1}+\frac{1}{C_2}+\cdots+\frac{1}{C_n}$$

可得

$$C=\frac{\varepsilon_0S}{d_1+d_2}$$

如果薄金属板的厚度比电容器两极板间距小很多，可忽略不计，$d=d_1+d_2$，则插入金属板后，电容器的电容没有变化；如果考虑薄金属板的厚度，$d>d_1+d_2$，则电容器的电容增大。

4. 电介质的极化现象和导体的静电感应现象有什么区别？

分析解答：静电感应现象中导体表面出现的电荷是自由电荷，电介质的极化现象中出现的电荷是束缚电荷，不可自由移动。

静电感应现象中的导体处于静电平衡状态时内部的电场强度为零；电介质的极化现象中电介质内部的电场强度不为零，比原来的电场强度要小。

5. 在电容器的两极板间插入电介质后，电容值如何变化？为什么？

分析解答：设电容器两极板上带有等量电荷。插入电介质，靠近正极板的电介质感应出负电荷，靠近负极板的电介质感应出正电荷，正负电荷在电介质内形成反方向电场，削弱了原来的电场，由 $U=Ed$ 可知，电压降低，由于 $C=Q/U$，电压 U 降低而电荷 Q 不变，电容 C 变大。

6. 在第九章，我们学习过有关真空中静电场的基本知识，如库仑定律、高斯定理、点电荷空间的电场分布等。如果静电场的空间中有各向同性均匀电介质，上述知识对应的表达式有什么变化？

分析解答：把真空情况下公式中的真空电容率 ε_0 替换成有电介质时的电介质绝对电容率 $\varepsilon=\varepsilon_0\varepsilon_r$ 即可。

7. 电动势的大小描述电源的什么性质？

分析解答：电动势的大小描述电源中的非静电场力把正电荷从电源的负极板经电源内部移动到电源的正极板过程中做功本领的大小，即电动势越大，说明电源内的非静电场力做功的能力越强。

8. 静电场的能量与什么有关？

分析解答：由静电场的能量密度公式 $w_e=\varepsilon E^2/2$ 可知，静电场的能量与电场强度的平方成正比，与空间电介质的电容率有关。

9. 将一个带正电的带电体 A 从远处移到一个不带电的导体 B 附近，导体 B 的电势将(　　)。

(A) 升高　　(B) 降低　　(C) 不会发生变化　(D) 无法确定

解答：(A)

10. 当一个带电导体达到静电平衡时(　　)。

(A) 导体表面上电荷密度大处电势较高

(B) 导体内任意一点与其表面上任意一点的电势差等于零

(C) 导体内部的电势比导体表面的电势高

(D) 导体表面曲率较大处电势较高

解答：(B)

11. 在一个孤立的导体球壳内，若在偏离球中心处放一个点电荷，则在球壳内、外表面上将出现感应电荷，其分布将是(　　)。

(A) 内表面均匀，外表面也均匀　(B) 内表面不均匀，外表面均匀

(C) 内表面均匀，外表面不均匀　(D) 内表面不均匀，外表面也不均匀

解答：(B)

12. 对电位移矢量的理解，下列说法中正确的是（ ）。

（A）介质中的电位移矢量与自由电荷和极化电荷的分布有关

（B）介质中的电位移矢量仅仅与自由电荷的分布有关

（C）若电位移矢量沿任意一个闭合曲面的积分等于零，曲面内电荷的代数和一定等于零

（D）若电位移矢量沿任意一个闭合曲面的积分等于零，曲面内一定没有自由电荷

解答：（A）

13. 三个平行金属板 A，B 和 C 的面积都是 200cm^2，A 和 B 相距 4.0mm，A 与 C 相距 2.0mm。B 和 C 都接地，如图 10.2（主教材图 10.22）所示。如果使 A 板带正电 3.0×10^{-7}C，略去边缘效应，问 B 板和 C 板上的感应电荷各是多少？以地的电势为零，则 A 板的电势是多少？

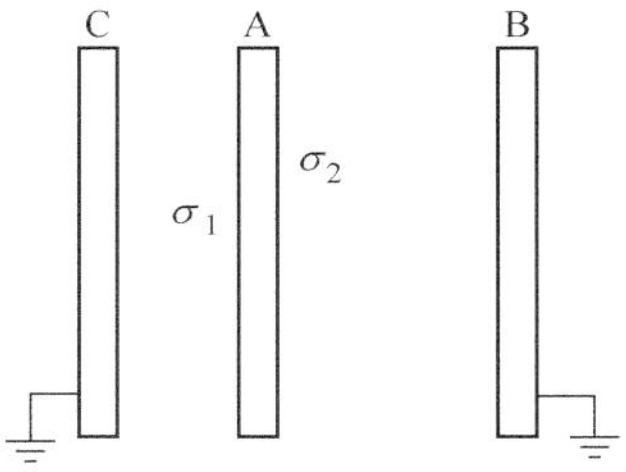

图 10.2

分析解答：如图 10.2 所示，令 A 板左侧面电荷面密度为 σ_1，右侧面电荷面密度为 σ_2。

（1）A 板是等势体，B 和 C 接地，电势为零，有

$$U_{AC}=U_{AB}$$

即
$$E_{AC}d_{AC}=E_{AB}d_{AB}$$

于是
$$\frac{\sigma_1}{\sigma_2}=\frac{E_{AC}}{E_{AB}}=\frac{d_{AB}}{d_{AC}}=2$$

且
$$\sigma_1+\sigma_2=\frac{q_A}{S}$$

得
$$\sigma_2=\frac{q_A}{3S},\ \sigma_1=\frac{2q_A}{3S}$$

而
$$q_C=-\sigma_1 S=-\frac{2}{3}q_A=-2\times10^{-7}\text{C}$$

$$q_B=-\sigma_2 S=-1\times10^{-7}\text{C}$$

（2）
$$U_A=E_{AC}d_{AC}=\frac{\sigma_1}{\varepsilon_0}d_{AC}=2.3\times10^3\text{V}$$

14. 两个半径分别为 R_1 和 R_2（$R_1<R_2$）的同心薄金属球壳，现给内球壳带电荷 $+q$，试计算外球壳上的电荷分布及电势大小。

分析解答：内球带电荷 $+q$；球壳内表面带电荷则为 $-q$，外表面带电荷为 $+q$，且均匀分布，其电势为

$$V=\int_{R_2}^{\infty}\boldsymbol{E}\cdot d\boldsymbol{r}=\int_{R_2}^{\infty}\frac{q dr}{4\pi\varepsilon_0 r^2}=\frac{q}{4\pi\varepsilon_0 R}$$

15. 空气可以承受的电场强度最大值为 $E=30\text{kV}\cdot\text{cm}^{-1}$，超过这个数值时空气要发生火花放电。今有一高压平行板电容器，极板间距离为 $d=0.5\text{cm}$，求此电容器可承受的最高电压。

分析解答：平行板电容器内部近似为均匀电场，故

$$U=Ed=1.5\times10^4\text{V}$$

16. 如图 10.3（主教材图 10.23）所示，在平行板电容器的一半容积内充入相对介电常数为 ε_r 的电介质。试求在有电介质部分和无电介质部分极板上自由电荷面密度 σ_2 和 σ_1 的比值。

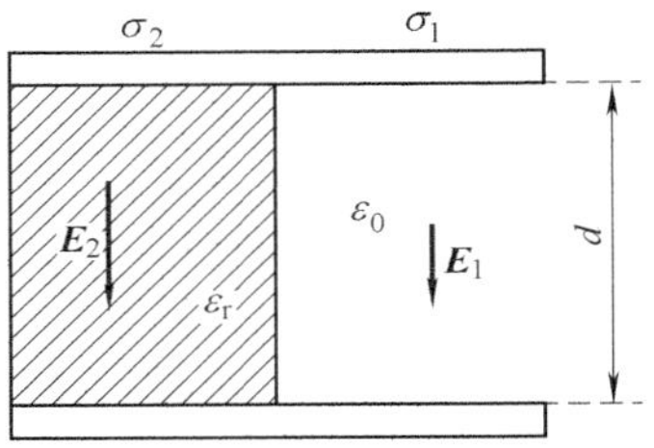

图 10.3

分析解答：如图 10.3 所示，充满电介质部分电场强度为 $\boldsymbol{E}_2$，真空部分电场强度为 $\boldsymbol{E}_1$，自由电荷面密度分别为 σ_2 与 σ_1。

由介质中的高斯定理 $\oint_S \boldsymbol{D}\cdot\mathrm{d}\boldsymbol{S}=\sum\limits_{S内} q$，得

$$D_1=\sigma_1,\ D_2=\sigma_2$$

而

$$D_1=\varepsilon_0E_1,\qquad D_2=\varepsilon_0\varepsilon_rE_2$$

$$E_1=E_2=\frac{U}{d}$$

所以

$$\frac{\sigma_2}{\sigma_1}=\frac{D_2}{D_1}=\varepsilon_r$$

17. 半径为 $R_1=2.0\text{cm}$ 的导体球，外面套有一同心的导体球壳，球壳的内、外半径分别为 $R_2=4.0\text{cm}$ 和 $R_3=5.0\text{cm}$，如图 10.4（主教材图 10.24）所示。当内球带电荷 $Q=3.0\times10^{-8}\text{C}$ 时，求：

（1）整个电场储存的能量；

（2）如果将导体壳接地，计算储存的能量；

（3）此电容器的电容值。

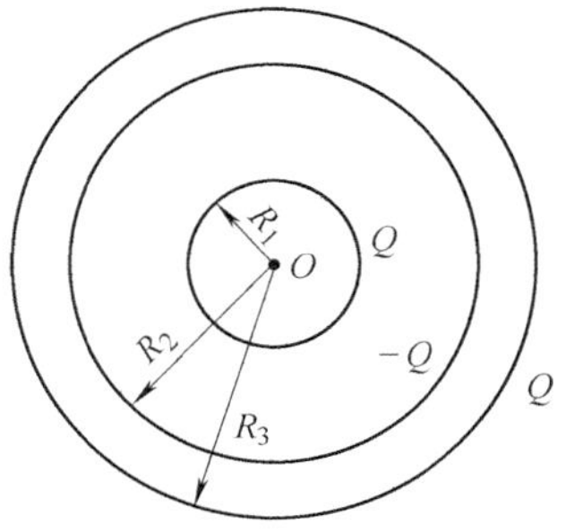

图 10.4

分析解答：如图 10.4 所示，内球带电荷 Q，外球壳内表面带电荷 $-Q$，外表面带电荷 Q。

（1）在 $r<R_1$ 和 $R_2<r<R_3$ 区域

$$E=0$$

在 $R_1<r<R_2$ 区域　　$\boldsymbol{E}_1=\dfrac{Q\boldsymbol{r}}{4\pi\varepsilon_0 r^3}$

在 $r>R_3$ 区域　　$\boldsymbol{E}_2=\dfrac{Q\boldsymbol{r}}{4\pi\varepsilon_0 r^3}$

因此在 $R_1<r<R_2$ 区域

$$W_1=\int_{R_1}^{R_2}\frac{1}{2}\varepsilon_0\left(\frac{Q}{4\pi\varepsilon_0 r^2}\right)^2 4\pi r^2\mathrm{d}r=\int_{R_1}^{R_2}\frac{Q^2\mathrm{d}r}{8\pi\varepsilon_0 r^2}=\frac{Q^2}{8\pi\varepsilon_0}\left(\frac{1}{R_1}-\frac{1}{R_2}\right)$$

在 $r>R_3$ 区域

$$W_2=\int_{R_3}^{\infty}\frac{1}{2}\varepsilon_0\left(\frac{Q}{4\pi\varepsilon_0 r^2}\right)^2 4\pi r^2\mathrm{d}r=\frac{Q^2}{8\pi\varepsilon_0}\ \frac{1}{R_3}$$

总能量

$$W=W_1+W_2=\frac{Q^2}{8\pi\varepsilon_0}\left(\frac{1}{R_1}-\frac{1}{R_2}+\frac{1}{R_3}\right)=1.82\times10^{-4}\,\mathrm{J}$$

（2）导体壳接地时，只有 $R_1<r<R_2$ 空间有电场，电场强度为

$$\boldsymbol{E}_1=\frac{Q\boldsymbol{r}}{4\pi\varepsilon_0 r^3}$$

因此

$$W=W_1=\frac{Q^2}{8\pi\varepsilon_0}\left(\frac{1}{R_1}-\frac{1}{R_2}\right)=1.01\times10^{-4}\,\mathrm{J}$$

（3）电容器电容

$$C=\frac{Q^2}{2W}=4\pi\varepsilon_0/\left(\frac{1}{R_1}-\frac{1}{R_2}\right)=4.49\times10^{-12}\,\mathrm{F}$$

18. 利用电场能量密度 $w_e=\dfrac{1}{2}\varepsilon E^2$ 计算均匀带电球体的静电能，设球体半径为 R，带电荷量为 Q，空间电介质的电容率为 ε。

分析解答：首先求出空间电场强度分布：

$$E=\begin{cases}E_1=\dfrac{Qr}{4\pi\varepsilon R^3} & r<R\\[2ex] E_2=\dfrac{Q}{4\pi\varepsilon r^2} & r>R\end{cases}$$

电场方向沿径向向外。

$$W_e=\int_V w_e\mathrm{d}V=\int_V\frac{1}{2}\varepsilon E^2\mathrm{d}V=\frac{\varepsilon}{2}\int_0^R\left(\frac{Qr}{4\pi\varepsilon R^3}\right)^2 4\pi r^2\mathrm{d}r+\frac{3}{2}\int_R^{\infty}\left(\frac{Q}{4\pi\varepsilon r^2}\right)^2 4\pi r^2\mathrm{d}r$$

$$=\frac{3Q^2}{20\pi\varepsilon R}$$

19. 球形电容器内外半径分别为 R_1 和 R_2，充有电荷量 Q。(1) 求电容器内电场的总能量；(2) 证明此结果与按 $W_e = Q^2/2C$ 算得的电容器所储电能值相等。

分析解答：(1) 由高斯定理可知，球内空间的电场强度为

$$E = \frac{Q}{4\pi\varepsilon_0 r^2},\quad (R_1 < r < R_2)$$

利用电场能量密度

$$w_e = \frac{1}{2}\varepsilon_0 E^2$$

有电容器内电场的能量

$$W_e = \int_V \frac{1}{2}\varepsilon_0 E^2 \mathrm{d}V = \frac{\varepsilon_0}{2}\int_{R_1}^{R_2}\left(\frac{Q}{4\pi\varepsilon_0 r^2}\right)^2 4\pi r^2 \mathrm{d}r$$

$$= \frac{Q^2}{8\pi\varepsilon_0}\left(\frac{1}{R_1} - \frac{1}{R_2}\right) = \frac{Q^2(R_2 - R_1)}{8\pi\varepsilon_0 R_1 R_2}$$

(2) 由两极板的电势差

$$U = \int_{R_1}^{R_2} \frac{Q}{4\pi\varepsilon_0 r^2}\mathrm{d}r = \frac{Q}{4\pi\varepsilon_0}\left(\frac{1}{R_1} - \frac{1}{R_2}\right) = \frac{Q(R_2 - R_1)}{4\pi\varepsilon_0 R_1 R_2}$$

求得球形电容器的电容为

$$C = \frac{Q}{U} = 4\pi\varepsilon_0 \frac{R_1 R_2}{R_2 - R_1}$$

于是

$$W_e = \frac{1}{2}\frac{Q^2}{C} = \frac{Q^2(R_2 - R_1)}{8\pi\varepsilon_0 R_1 R_2}$$

与前面的结果一样。

第十一章　稳 恒 磁 场

本章知识体系结构图

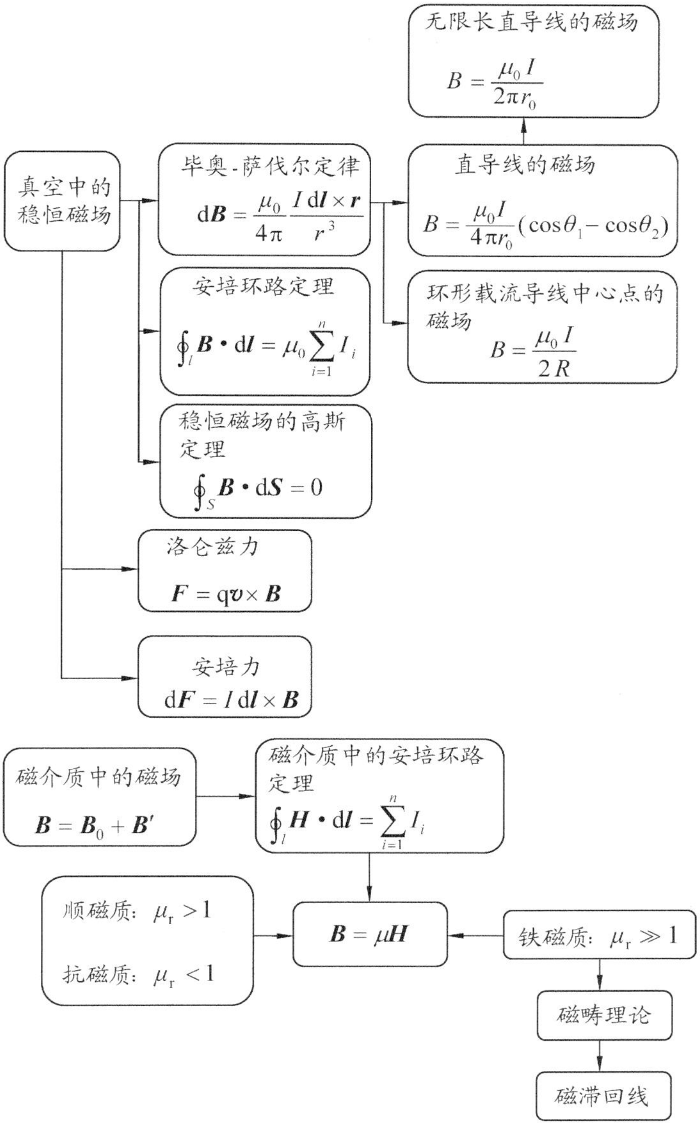

在第九章和第十章，我们学习了真空中的静电场以及静电场中的导体和电介质，研究的是静止电荷激发的电场所遵从的物理规律。我们知道电现象和磁现象密切相关，磁现象起源于电荷的运动。实验表明，运动电荷之间除了有相互作用的电场力之外，还有磁力相互作用。运动的电荷不仅在周围空间激发电场，同时还在周围空间激发磁场。磁场与电场一样也是物质存在的一种形式，无论是磁体之间，或磁体与电流之间，或电流与电流之间，磁相互作用都是通过磁场来实现的。通过本章稳恒磁场的学习，我们将了解到磁场是如何产生和计算的；电流与磁场之间有着怎样的关系；载流导线与载流导线之间是如何发生相互作用的，载流线圈在磁场中受到的力矩如何计算；带电粒子在电场和磁场中如何受力并怎样运动，以及应用情况等。

主要问题的分类及对策

本章围绕磁场的性质展开，讨论的问题主要有两个方面：

1）电流产生的磁场其磁感应强度的求法，以及磁场对运动电荷和电流的作用。

2）磁场与物质之间的作用：磁介质中的磁场。

对于具体问题的处理，归为以下几类：

第一类，用毕奥－萨伐尔定律和磁场的叠加原理求电流的磁场分布。

这是本章的难点。

对于任意形状的载流导线，在其上取一电流元 $I\mathrm{d}l$，其在空间中一点产生的磁感应强度为

$$\mathrm{d}\boldsymbol{B}=\frac{\mu_0}{4\pi}\ \frac{I\mathrm{d}\boldsymbol{l}\times\boldsymbol{r}}{r^3}$$

上式为毕奥－萨伐尔定律。式中，μ_0 为真空中的磁导率；r 为电流元到场点的位矢 $\boldsymbol{r}$ 的大小。任意形状的载流导线在空间某点激发的磁场，可认为是其上各电流元在该点激发的磁场叠加

$$\boldsymbol{B}=\int\mathrm{d}\boldsymbol{B}=\int\frac{\mu_0}{4\pi}\ \frac{I\mathrm{d}\boldsymbol{l}\times\boldsymbol{r}}{r^3}$$

对于具体的问题，求解磁感应强度遵循以下步骤：

1）根据已知的电流分布和场点的位置，选取合适的电流元。

2）根据电流的分布和磁场的分布特点选取合适的坐标系。

3）根据所选择的坐标系，由毕奥－萨伐尔定律写出电流元产生的磁感应强度。

4）根据叠加原理计算磁感应强度的分布。

注意：应用毕奥－萨伐尔定律时，一般要根据坐标轴的选取，将磁感应强度的矢量积分变为标量积分以简化运算。

第二类，用安培环路定理求电流的磁场。

在真空的稳恒磁场中，磁感应强度 $\boldsymbol{B}$ 沿任意闭合回路的积分的值，等于该闭合回路所包围的电流的代数和的 μ_0 倍，即

$$\oint_l \boldsymbol{B} \cdot \mathrm{d}\boldsymbol{l} = \mu_0 \sum_{i=1}^{n} I_i$$

注意：

1）安培环路定理表达式中的电流是指闭合曲线所包围并穿过的电流，不包括闭合曲线以外的电流。

2）环路上任一点的磁感应强度 $\boldsymbol{B}$ 是空间中所有电流（环路内、外）所激发的磁场在该点叠加后的总磁感应强度。

3）电流的符号规定：当电流方向与积分路径的绕行方向构成右手螺旋关系时电流为正，反之为负。

原则上，利用毕奥－萨伐尔定律可以求解任意电流产生的磁场问题，但是一般计算比较复杂，当电流分布具有某种对称性时，可以利用安培环路定理简单方便地求解出磁感应强度。利用安培环路定理求磁场分布的一般解题步骤如下：

1）分析导线周围磁场分布是否具有对称性。

2）过场点选取适当的路径：沿此路径的磁感应强度 $\boldsymbol{B}$ 的大小恒定；磁感应强度 $\boldsymbol{B}$ 与 $\mathrm{d}\boldsymbol{l}$ 的夹角处处相等（一般选路径绕行方向与磁感应强度方向一致）。

3）用右手螺旋法则确定所选路径包围的电流的正负，最后根据安培环路定理求出磁感应强度 $\boldsymbol{B}$ 的大小。

第三类，磁场对运动电荷和电流的作用。

1. 磁场中带电粒子的运动

带电粒子在磁场中运动时要受到洛仑兹力的作用：

$$\boldsymbol{F} = q\boldsymbol{v} \times \boldsymbol{B}$$

特例：对于匀强磁场来说，带电粒子的运动方向若垂直于磁感应强度的方向，则粒子将在垂直于磁场的平面内作匀速率圆周运动（高中知识）。

圆周半径：$$R = \frac{mv}{qB}$$

运动周期：$T = \dfrac{2\pi m}{qB}$。

2. 磁场对载流导线的作用

任意形状的载流导线在磁场中受到安培力的作用：

$$\boldsymbol{F} = \int_l I\mathrm{d}\boldsymbol{l} \times \boldsymbol{B}$$

3. 磁场对载流线圈的作用

对于通有电流为 I、面积为 S 的载流线圈，磁矩为 $\boldsymbol{m} = IS\boldsymbol{n}$，其中 $\boldsymbol{n}$ 为线圈平

面的法向单位矢量，则单匝线圈所受到的磁力矩为

$$\boldsymbol{m}=IS\boldsymbol{n}\times\boldsymbol{B}$$

若线圈匝数为 N，则线圈在磁场中受到的磁力矩为

$$\boldsymbol{M}=NIS\boldsymbol{n}\times\boldsymbol{B}$$

磁场对载流线圈作用的磁力矩，总是要使线圈的 $\boldsymbol{n}$ 方向转到它与磁感应强度 $\boldsymbol{B}$ 的方向相一致的稳定平衡位置。

第四类，磁介质中的磁场。

真空中磁感应强度为 $\boldsymbol{B}_0$，放入各向同性均匀磁介质（下同）后，由于介质被磁化，磁感应强度 $\boldsymbol{B}=\boldsymbol{B}_0+\boldsymbol{B}'$，其中 $\boldsymbol{B}'$ 为介质磁化而产生的附加磁场。将介质内的磁感应强度写为 $\boldsymbol{B}=\mu_r\boldsymbol{B}_0$，称 μ_r 为介质的相对磁导率。

根据磁介质对磁场的影响不同，可以将其分为如下几类：若 $\mu_r>1$，则此类磁介质为顺磁质；若 $\mu_r<1$，则此类磁介质为抗磁质；若 $\mu_r>>1$，则此类磁介质为铁磁质。

在磁介质中，磁场中某点的磁感应强度 $\boldsymbol{B}$ 与介质的磁导率 $\mu(\mu=\mu_0\mu_r)$ 的比值，称为该点的磁场强度，即 $\boldsymbol{H}=\boldsymbol{B}/\mu$。在磁场中，磁场强度 $\boldsymbol{H}$ 沿任一闭合曲线的环流，等于这闭合曲线所围绕的传导电流的代数和。即 $\oint_l \boldsymbol{H}\cdot \mathrm{d}\boldsymbol{l}=\sum I$，称为有磁介质时的磁场安培环路定理。在有磁介质的磁场中，可利用环路定理先求出 $\boldsymbol{H}$ 分布，再利用 $\boldsymbol{B}$ 与 $\boldsymbol{H}$ 的关系求出磁感应强度 $\boldsymbol{B}$ 的分布。

问 题 讨 论

问题 1：如果你在高纬度地区室外的黑夜里，可能会看到从天空下垂的、变幻的光“幕”，这就是极光。极光被视为自然界中最漂亮的奇观之一。但在近赤道区域，却很少出现极光，这是为什么呢？其他星球也会有极光吗？

分析解答：由太阳发出的高能带电粒子流（太阳风）进入地球磁场，在地球上空环绕地球流动，以大约 $400\mathrm{km}\cdot\mathrm{s}^{-1}$ 的速度撞击地球磁场。而地球磁场形如漏斗，尖端对着地球的南北两个磁极，因此，太阳发出的带电粒子沿着地磁场这个“漏斗”沉降，进入地球的两极地区。在夜间两极 $25°\sim30°$ 的范围内的高层大气受到太阳风的轰击后，大气分子或原子激发或电离，会发出光芒，形成极光。极光一般呈带状、弧状、幕状、放射状，这些形状有时稳定有时作连续性变化。在南极称为南极光，在北极称为北极光。

极光产生的条件有三个：大气、磁场、高能带电粒子，这三者缺一不可。而在近赤道区域，却很少出现极光，原因是近赤道区域地球磁场很弱。

其他星球也有极光，如木星、土星等。

问题 2：图 11.1 所示为带电粒子以速度 $\boldsymbol{v}$ 穿过一均匀磁场 $\boldsymbol{B}$ 的三种情况。在

每一种情况中，粒子受到的洛仑兹力 $\boldsymbol{F}$ 沿什么方向？

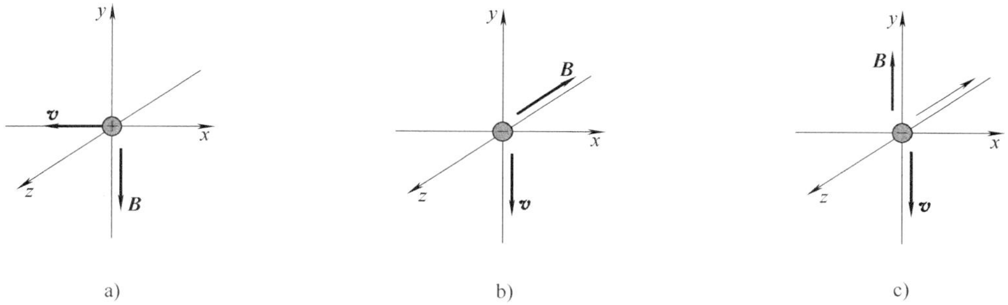

图　11.1

分析解答：洛仑兹力表达式为 $\boldsymbol{F}=q\boldsymbol{v}\times\boldsymbol{B}$，考虑到带电粒子的正负，用右手螺旋法则可判断出，图 11.1a 中的正电荷受到的洛仑兹力 $\boldsymbol{F}$ 的方向沿 z 轴的正向；图 11.1b 中的负电荷受到的洛仑兹力 $\boldsymbol{F}$ 的方向沿 x 轴的反向；图 11.1c 中的负电荷受到的洛仑兹力 $\boldsymbol{F}$ 为零。

问题 3：图 11.2 所示为以相同速率在指向纸面内的均匀磁场中运动的两个粒子的圆形路径。一个粒子是质子，另一个是电子（它较轻）。（1）哪个粒子沿较小的圆周运动？（2）该粒子是顺时针还是逆时针运动？

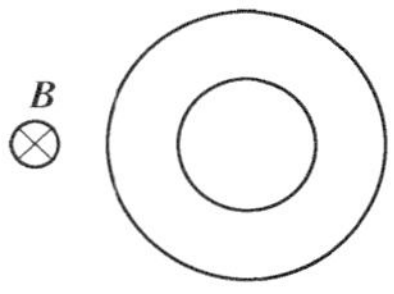

图　11.2

分析解答：考虑到质子与电子的电荷量相等，运动速率相同，所在的空间磁感应强度一样，由圆周半径公式 $R=mv/qB$ 可知，质量大的粒子圆周运动的半径大，所以电子沿较小的圆周运动。

电子受到的洛仑兹力充当向心力，空间磁场的磁感应强度方向向里，利用洛仑兹力表达式 $\boldsymbol{F}=q\boldsymbol{v}\times\boldsymbol{B}$，考虑到三个矢量方向相互垂直，得到 $\boldsymbol{B}\times\boldsymbol{F}$ 的方向即为电子（负电荷）速度 $\boldsymbol{v}$ 的反方向，可判断出电子作顺时针运动。

填空题及答案

1. 磁感应线是闭合曲线还是非闭合曲线？闭合曲线；电场线是闭合曲线还是非闭合曲线？非闭合曲线。

2. 在静电场中取一个闭合曲线，电场强度 $\boldsymbol{E}$ 的环流 $\oint_l \boldsymbol{E}\cdot \mathrm{d}\boldsymbol{l}$ 等于__0__；在稳恒磁场中取一个闭合曲线，磁感应强度 $\boldsymbol{B}$ 的环流 $\oint_l \boldsymbol{B}\cdot \mathrm{d}\boldsymbol{l}$ 等于 $\mu_0\sum\limits_{l内} I_i$

3. 电荷在磁场中运动，磁场对它的作用力称为洛仑兹力，力的方向可以用右手螺旋法则来判断。

4. 毕奥－萨伐尔定律的数学表达式是：$\underline{\mathrm{d}\boldsymbol{B}=\dfrac{\mu_0}{4\pi}\dfrac{I\mathrm{d}\boldsymbol{l}\times\boldsymbol{r}}{r^3}}$ 或 $\underline{\boldsymbol{B}=\int\mathrm{d}\boldsymbol{B}=\int\dfrac{\mu_0}{4\pi}\dfrac{I\mathrm{d}\boldsymbol{l}\times\boldsymbol{r}}{r^3}}$。

5. 把一段通有电流为 I 的导线 l 放在磁场 $\boldsymbol{B}$ 中，在其上选取一段电流元 $I\mathrm{d}\boldsymbol{l}$，电流元受到的安培力 $\mathrm{d}\boldsymbol{F}$ 等于 $\underline{I\mathrm{d}\boldsymbol{l}\times\boldsymbol{B}}$；这段通电导线受到的安培力 $\boldsymbol{F}=\underline{\int_l\mathrm{d}\boldsymbol{F}=\int_l I\mathrm{d}\boldsymbol{l}\times\boldsymbol{B}}$。

6. 如图 11.3 所示的空间区域内，分布着方向垂直于纸面向内的匀强磁场，在纸面内有一正方形边框 $abcd$（磁场以边框为界），而 a、b、c 三个角顶处均开有很小的缺口，今有一束具有不同速度的电子由 a 缺口沿 ad 方向射入磁场区域，若 b、c 两缺口处分别有电子射出，自此两处电子的速率之比 $v_b/v_c=\underline{1:2}$。

7. 如图 11.4 所示，在真空中有一半径为 a 的 3/4 圆弧形的导线，其中通以稳恒电流 I，导线置于均匀外磁场 $\boldsymbol{B}$ 中，且 $\boldsymbol{B}$ 与导线所在平面垂直，则该载流导线 $\overset{\frown}{bc}$ 所受的磁力大小为 $\underline{\sqrt{2}aBI}$。

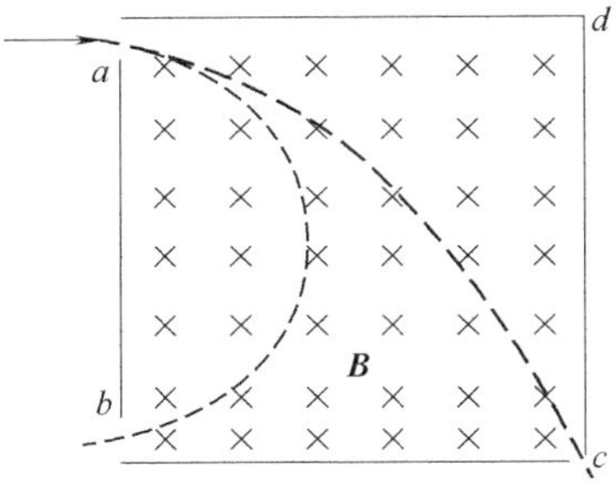

图 11.3

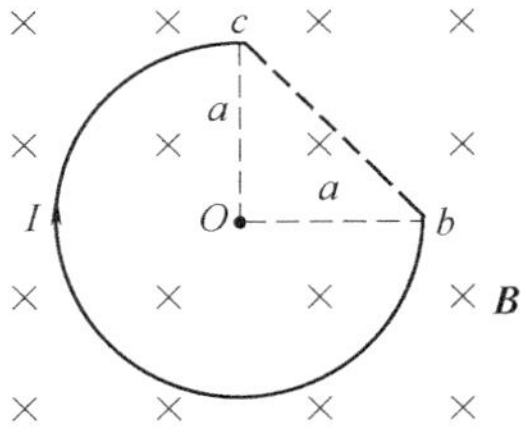

图 11.4

8. 一个通电线圈在磁场中要受到磁场给它的一个磁力矩的作用。磁力矩作用的结果是使线圈怎样转动？<u>使载流线圈的法线方向转向磁感应强度的方向</u>

9. 磁介质有三种，它们分别是<u>顺磁质</u>、<u>抗磁质</u>、<u>铁磁质</u>；为了增强磁场，在通电线圈中插入的是哪种磁介质？<u>铁磁质</u>

思考与练习解答

1. 用安培环路定理能否求出一段有限长载流直导线周围的磁场？

分析解答：不能。因为一段有限长载流导线周围的磁场是非对称的。

2. 在磁场中，若穿过某一闭合曲面的磁通量为零，那么，穿过另一非闭合曲面的磁通量是否也为零呢？

分析解答：在磁场穿过非闭合曲面的磁通量可为零，也可以不为零。

3. 安培定律 $\mathrm{d}\boldsymbol{F}=I\mathrm{d}\boldsymbol{l}\times\boldsymbol{B}$ 中的三个矢量，哪两个矢量始终是正交的？哪两个矢量之间可以有任意角度？

分析解答：$\mathrm{d}\boldsymbol{F}$ 与 $\boldsymbol{B}$，$\mathrm{d}\boldsymbol{F}$ 与 $I\mathrm{d}\boldsymbol{l}$ 始终是正交，而 $I\mathrm{d}\boldsymbol{l}$ 与 $\boldsymbol{B}$ 可以有任意角度。

4. 设图 11.5（主教材图 11.47）中所示两导线中的电流 I_1，I_2 均为 8A，试分别求图中所示的三条闭合线路 L_1，L_2，L_3 的环路积分 $\oint_L \boldsymbol{B}\cdot\mathrm{d}\boldsymbol{l}$ 的值，并讨论：（1）在每条闭合线路上各点的磁感应强度 $\boldsymbol{B}$ 是否相等？（2）在闭合线路 L_2 上各点的 $\boldsymbol{B}$ 是否为零？为什么？

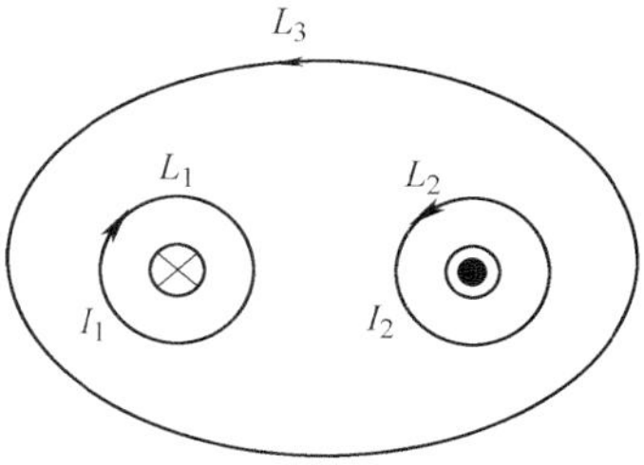

图 11.5

分析解答：由安培环路定理得

$$\oint_{L_1}\boldsymbol{B}\cdot\mathrm{d}\boldsymbol{l}=\mu_0 I_1$$

$$\oint_{L_2}\boldsymbol{B}\cdot\mathrm{d}\boldsymbol{l}=\mu_0 I_2$$

$$\oint_{L_3}\boldsymbol{B}\cdot\mathrm{d}\boldsymbol{l}=\mu_0(-I_1+I_2)=0$$

（1）在 L_1，L_2，L_3 各条闭合曲线上，各点的 $\boldsymbol{B}$ 不相等。

（2）在闭合曲线 L_2 上各点 $\boldsymbol{B}$ 不为零。环路 L_2 上各点的 $\boldsymbol{B}$ 是由电流 I_1 和 I_2 产生的磁场的叠加，而叠加后的磁感应强度与点的位置有关，所以每点 $\boldsymbol{B}$ 不为零。

5. 两根长度相同的细导线分别密绕在半径为 R 和 r 的两个长直圆筒上形成两个螺线管，两个螺线管的长度相同，$R=2r$，螺线管通过的电流相同，均为 I，螺线管中的磁感应强度大小 B_R 和 B_r 满足（　　）。

（A）$B_R=2B_r$　　（B）$B_R=B_r$　　（C）$2B_R=B_r$　　（D）$B_R=4B_r$

分析解答：（B）。解释：对于长直螺线管，内部的磁感应强度 $B=\mu_0 nI$，由于两螺线管单位长度上的匝数相等，电流 I 也相等，所以两螺线管内的磁感应强度 B 相等。

6. 一个半径为 r 的半球面放在均匀磁场中，如图 11.6 所示。通过该半球面的磁通量大小为（　　）。

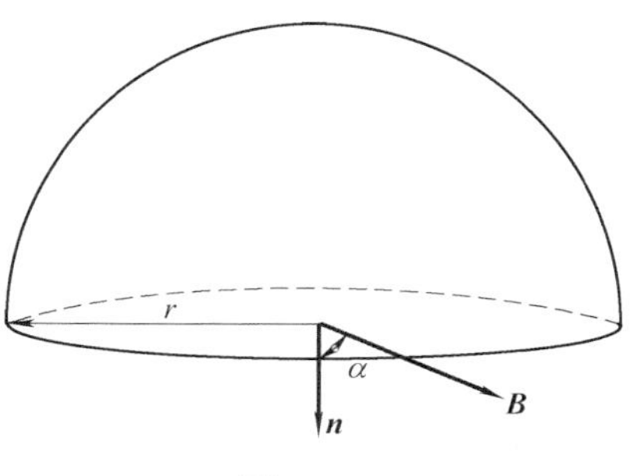

图 11.6

（A）$2\pi r^2 B$　　（B）$\pi r^2 B$

（C）$2\pi r^2 B\cos\alpha$　　（D）$\pi r^2 B\cos\alpha$

解答：（D）

7. 下列说法正解的是（　　）。

（A）闭合回路上各点磁感应强度都为零时，回路内一定没有电流穿过

（B）闭合回路上各点磁感应强度都为零时，回路内穿过电流的代数和必定为零

（C）磁感应强度沿闭合回路的积分为零时，回路上各点的磁感应强度必定为零

（D）磁感应强度沿闭合回路的积分不为零时，回路上任意一点的磁感应强度都不可能为零

解答：（B）

8. 半径为 R 的圆柱形无限长载流直导线置于均匀无限大磁介质之中，若导线中流过的稳恒电流为 I，磁介质的相对磁导率为 μ_r（$\mu_r<1$），则磁介质内磁场强度的大小为（　　）。

（A）$(\mu_r-1)\ I/2\pi r$　　（B）$I/2\pi r$

（C）$\mu_r I/2\pi r$　　（D）$I/2\pi\mu_r r$

解答：（C）

9. 如图 11.7（主教材图 11.48）所示的弓形线框中通有电流 I，求圆心 O 处的磁感应强度 $\boldsymbol{B}$。

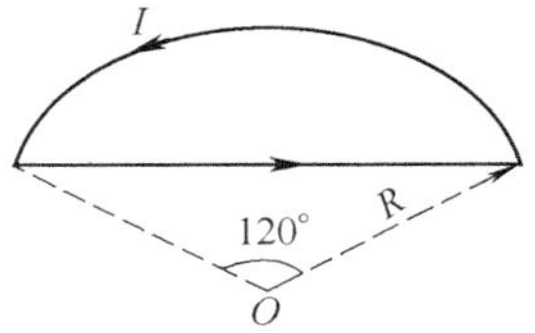

图 11.7

分析解答：圆弧在 O 点的磁感应强度：

$$B_1=\frac{\mu_0 I}{2R}\times\frac{120°}{360°}=\frac{\mu_0 I}{6R}$$，方向：垂直纸面向外

直导线在 O 点的磁感应强度：

$$B_2=\frac{\mu_0 I}{4\pi R}(\cos 30°-\cos 150°)=\frac{\sqrt{3}\mu_0 I}{2\pi R}$$，方向：垂直纸面向里

总磁感应强度：

$$B=\frac{\mu_0 I}{2R}\left(\frac{\sqrt{3}}{\pi}-\frac{1}{3}\right)$$，方向垂直纸面向里。

10. 如图 11.8（主教材图 11.49）所示，两个半径均为 R 的线圈平行共轴放置，其圆心 O_1 和 O_2 相距为 a，在两线圈中通以电流均为 I 的同方向电流。

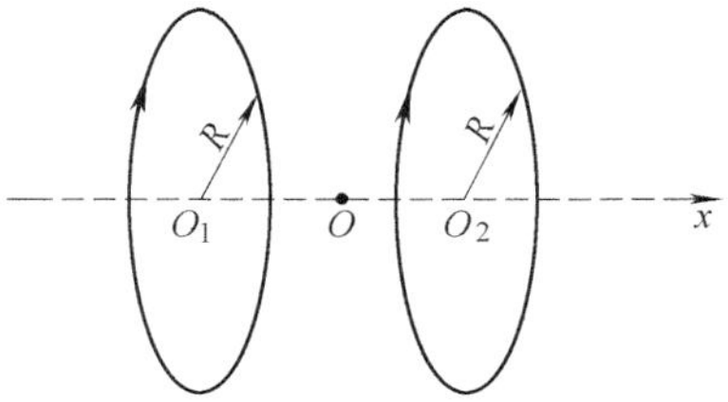

图 11.8

（1）以 O_1O_2 连线的中点 O 为原点，求轴线上坐标为 x 的任意点的磁感应强度大小。

（2）试证明：当 $a=R$ 时，O 点处的磁场最为均匀。

分析解答：载流圆线圈轴线上的磁场的计算公式为

$$B=\frac{\mu_0 IR^2}{2(R^2+z^2)^{3/2}}$$

（1）左线圈在 x 轴 P 点处产生的磁感应强度：

$$B_{P1}=\frac{\mu_0 IR^2}{2\left[R^2+\left(\frac{a}{2}+x\right)^2\right]^{3/2}}$$

右线圈在 x 轴 P 点处产生的磁感应强度：

$$B_{P2}=\frac{\mu_0 IR^2}{2\left[R^2+\left(\frac{a}{2}-x\right)^2\right]^{3/2}}$$

$\boldsymbol{B}_{P1}$ 和 $\boldsymbol{B}_{P2}$ 方向一致，均沿轴线水平向右。

P 点总磁感应强度：

$$B_P=B_{P1}+B_{P2}=\frac{\mu_0 IR^2}{2}\left\{\left[R^2+\left(\frac{a}{2}+x\right)^2\right]^{-\frac{3}{2}}+\left[R^2+\left(\frac{a}{2}-x\right)^2\right]^{-\frac{3}{2}}\right\}$$

（2）因为 B_P 随 x 变化，变化率为 $\mathrm{d}B/\mathrm{d}x$，若此变化率在 $x=0$ 处的变化最缓慢，则 O 点处的磁场最为均匀，下面讨论 O 点附近磁感应强度随 x 变化情况，即对 B_P 的各阶导数进行讨论。

对 B 求一阶导数：

$$\frac{\mathrm{d}B}{\mathrm{d}x}=-\frac{3\mu_0 IR^2}{2}\left\{\left(\frac{a}{2}+x\right)\left[R^2+\left(\frac{a}{2}+x\right)^2\right]^{-\frac{5}{2}}+\left(x-\frac{a}{2}\right)\left[R^2+\left(\frac{a}{2}-x\right)^2\right]^{-\frac{5}{2}}\right\}$$

当 $x=0$ 时，$\mathrm{d}B/\mathrm{d}x=0$，可见在 O 点，磁感应强度 B 有极值。对 B 求二阶导数：

$$\frac{\mathrm{d}}{\mathrm{d}x}\left(\frac{\mathrm{d}B}{\mathrm{d}x}\right)=\frac{\mathrm{d}^2B}{\mathrm{d}x^2}$$

$$=-\frac{3\mu_0 IR^2}{2}\left\{\frac{1}{\left[R^2+\left(x+\frac{a}{2}\right)^2\right]^{\frac{5}{2}}}-\frac{5\left(x+\frac{a}{2}\right)^2}{\left[R^2+\left(x+\frac{a}{2}\right)^2\right]^{\frac{7}{2}}}+\frac{1}{\left[R^2+\left(x-\frac{a}{2}\right)^2\right]^{\frac{5}{2}}}-\frac{5\left(x-\frac{a}{2}\right)^2}{\left[R^2+\left(x-\frac{a}{2}\right)^2\right]^{\frac{7}{2}}}\right\}$$

当 $x=0$ 时，

$$\left.\frac{\mathrm{d}^2B}{\mathrm{d}x^2}\right|_{x=0}=3\mu_0 IR^2\frac{a^2-R^2}{\left[R^2+\left(\frac{a}{2}\right)^2\right]^{\frac{7}{2}}}$$

可见，当 $a>R$ 时，

$$\left.\frac{\mathrm{d}^2B}{\mathrm{d}x^2}\right|_{x=0}>0\text{，}O\text{ 点的磁感应强度 }B\text{ 有极小值。}$$

当 $a<R$ 时，

$$\left.\frac{\mathrm{d}^2B}{\mathrm{d}x^2}\right|_{x=0}<0\text{，}O\text{ 点的磁感应强度 }B\text{ 有极大值。}$$

当 $a=R$ 时，

$\left.\frac{\mathrm{d}^2B}{\mathrm{d}x^2}\right|_{x=0}=0$，说明磁感应强度 B 在 O 点附近的磁场是相当均匀的，可看成匀强磁场。

11. 在半径 $R=1\mathrm{cm}$ 的无限长半圆柱形金属片中，有电流 $I=5\mathrm{A}$ 自下而上通过，如图 11.9（主教材图 11.50）所示。试求圆柱轴线上一点 P 处的磁感应强度的大小。

分析解答： 将半圆柱形、无限长载流薄板细分成宽为 $\mathrm{d}l=R\mathrm{d}\theta$ 的长直电流，如图 11.10 所示，有

$$\mathrm{d}I=\frac{\mathrm{d}l}{\pi R}I=\frac{\mathrm{d}\theta}{\pi}I$$

利用 $\oint_l \boldsymbol{B}\cdot\mathrm{d}\boldsymbol{l}=\mu_0\sum I$，

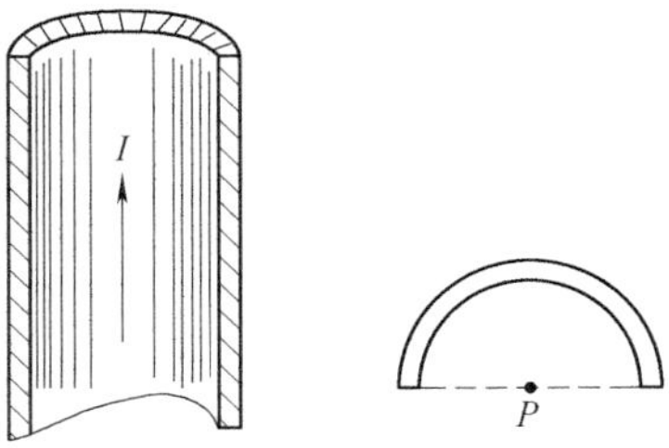

图 11.9

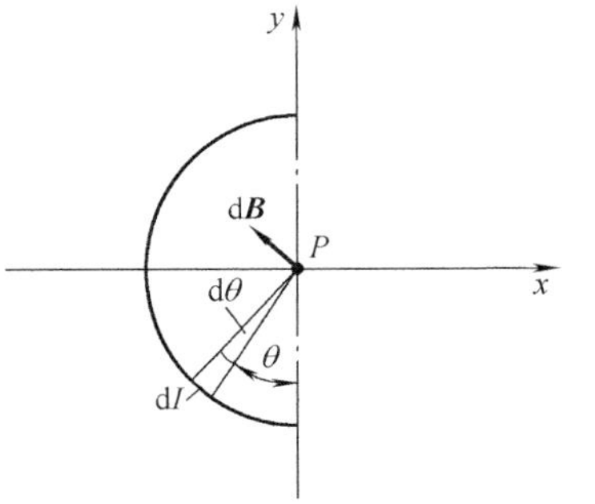

图 11.10

在 P 点处的磁感应强度为

$$\mathrm{d}B=\frac{\mu_0\mathrm{d}I}{2\pi R}=\frac{\mu_0 I\mathrm{d}\theta}{2\pi^2R}$$

所以

$$\mathrm{d}B_y=\mathrm{d}B\sin\theta=\frac{\mu_0 I}{2\pi^2R}\sin\theta\mathrm{d}\theta$$

而因为对称性，$B_x=0$

那么，

$$B = B_y = \int \mathrm{d}B_y = \frac{\mu_0 I}{2\pi^2 R}\int_0^{\pi} \sin\theta \mathrm{d}\theta = \frac{\mu_0 I}{\pi^2 R} = 6.37 \times 10^{-5}\mathrm{T}$$

12. 如图 11.11（主教材图 11.51）所示，长直电缆由半径为 R_1 的导体圆柱与同轴的内外半径分别为 R_2，R_3 的导体圆筒构成，电流沿轴线方向由一导体流入，从另一导体流出，设电流 I 都均匀地分布在横截面上。求距轴线为 r 处的磁感应强度大小（$0<r<\infty$）。

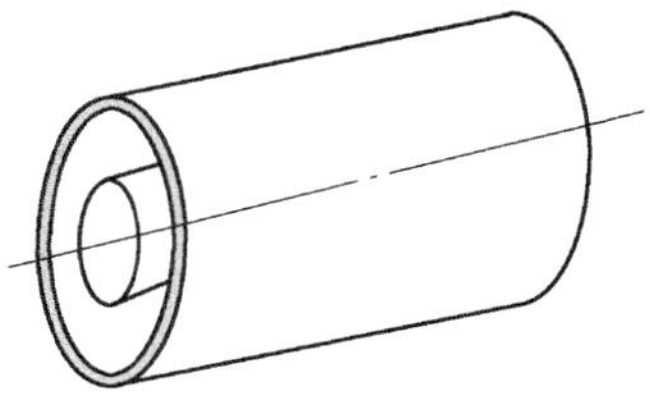

图　11.11

分析解答：利用安培环路定理 $\oint_L \boldsymbol{B} \cdot \mathrm{d}\boldsymbol{l} = \mu_0 \sum I_i$ 分段讨论。

（1）当 $0<r\leqslant R_1$ 时，有

$$B_1 \cdot 2\pi r = \mu_0 \frac{\pi r^2 I}{\pi R_1^2}$$

得

$$B_1 = \frac{\mu_0 I r}{2\pi R_1^2}$$

（2）当 $R_1\leqslant r\leqslant R_2$ 时，有

$$B_2 \cdot 2\pi r = \mu_0 I$$

得

$$B_2 = \frac{\mu_0 I}{2\pi r}$$

（3）当 $R_2\leqslant r\leqslant R_3$ 时，有

$$B_3 \cdot 2\pi r = \mu_0\left(1 - \frac{\pi r^2 - \pi R_2^2}{\pi R_3^2 - \pi R_2^2} I\right)$$

得

$$B_3 = \frac{\mu_0 I}{2\pi r} \cdot \frac{R_3^2 - r^2}{R_3^2 - R_2^2}$$

（4）当 $r>R_3$ 时，有

$$B_4 \cdot 2\pi r = \mu_0 (I - I)$$

得

$$B_4 = 0$$

归纳为

$$B = \begin{cases} \dfrac{\mu_0 I r}{2\pi R_1^2} & (0\leqslant r\leqslant R_1) \\ \dfrac{\mu_0 I}{2\pi r} & (R_1\leqslant r\leqslant R_2) \\ \dfrac{\mu_0 I}{2\pi r} \cdot \dfrac{R_3^2 - r^2}{R_3^2 - R_2^2} & (R_2\leqslant r\leqslant R_3) \\ 0 & (r>R_3) \end{cases}$$

13. 一根很长的直导线，载有电流 10A，有一边长为 1m 的正方形平面与直导线共面，相距为 1m，如图 11.12（主教材图 11.52）所示，试计算通过正方形

平面的磁通量。

分析解答：将正方形平面分割成平行于直导线的窄条，对距离直导线为 x、宽度为 $\mathrm{d}x$ 的窄条，通过的磁通量为

$$\mathrm{d}\Phi_m = Bl\mathrm{d}x = \frac{\mu_0 I}{2\pi x} \times 1 \times \mathrm{d}x = \frac{\mu_0 I}{2\pi x}\mathrm{d}x$$

通过整个正方形平面的磁通量为

$$\Phi_m = \int_1^2 \frac{\mu_0 I}{2\pi x}\mathrm{d}x = \frac{\mu_0 I}{2\pi}\ln 2 = 1.4 \times 10^{-6}\mathrm{Wb}$$

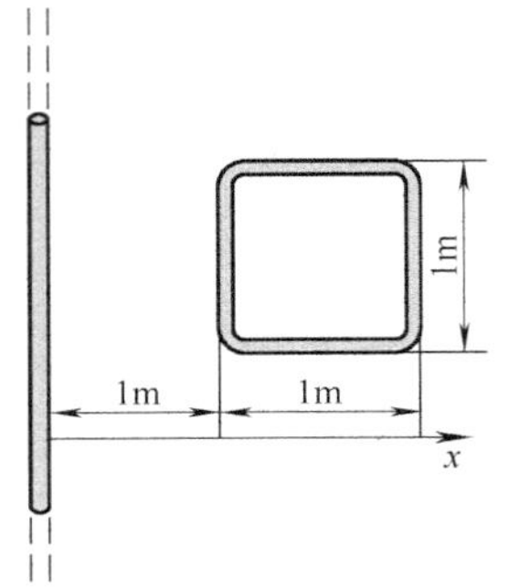

图 11.12

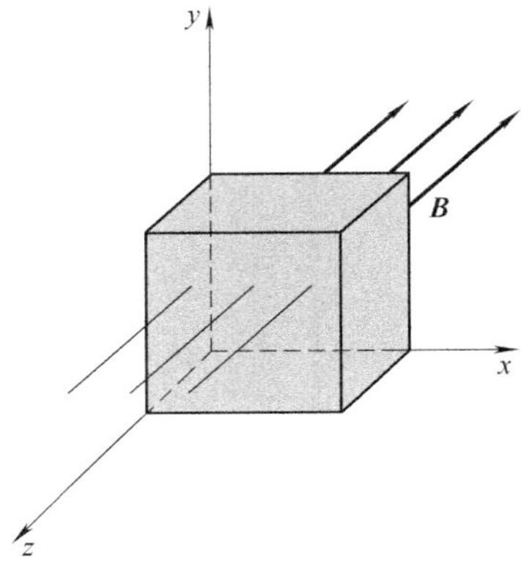

图 11.13

14. 一边长为 $l = 0.15\mathrm{m}$ 的立方体如图 11.13（主教材图 11.53）所示，放置在均匀磁场 $\boldsymbol{B} = (6\boldsymbol{i} + 3\boldsymbol{j} + 1.5\boldsymbol{k})\mathrm{T}$ 中，计算：(1) 通过立方体上阴影面积的磁通量；(2) 通过立方体六面的总磁通量。

分析解答：

(1) 通过立方体上（右侧）阴影面积的磁通量为

$$\Phi_{m1} = \int_S \boldsymbol{B} \cdot \mathrm{d}\boldsymbol{S} = \int_S (6\boldsymbol{i} + 3\boldsymbol{j} + 1.5\boldsymbol{k}) \cdot \mathrm{d}S\boldsymbol{i} = 6 \times \int_S \mathrm{d}S = 6 \times 0.15^2\mathrm{Wb} = 0.135\mathrm{Wb}$$

(2) 由于立方体左右两个面的外法线方向相反，通过这两个面的磁通量相互抵消。同理，上下两面和前后两面也各相互抵消，因此，通过立方体六面的总磁通量为 0。

15. 如图 11.14（主教材图 11.54）所示，在长直导线旁有一矩形线圈，导线中通有电流 $I_1 = 20\mathrm{A}$，线圈中通有电流 $I_2 = 10\mathrm{A}$，已知 $d = 1\mathrm{cm}$，$b = 9\mathrm{cm}$，$l = 20\mathrm{cm}$，求矩形线圈上所受到的合力的大小。

分析解答：矩形线圈上下两边所受的磁力相互抵消。

矩形线圈左边所受的磁力的大小为 $F_1 = I_2 l B_1 = I_2 l \dfrac{\mu_0 I_1}{2\pi d} = 8 \times 10^{-4}\mathrm{N}$，方向向左

矩形线圈右边所受磁力的大小为

$$F_2 = I_2 l B_2 = I_2 l \frac{\mu_0 I_1}{2\pi(d+b)} = 8\times10^{-5}\text{N}，方向向右$$

矩形线圈上所受到合力的大小为

$$F = F_1 - F_2 = 7.2\times10^{-4}\text{N}，方向向左$$

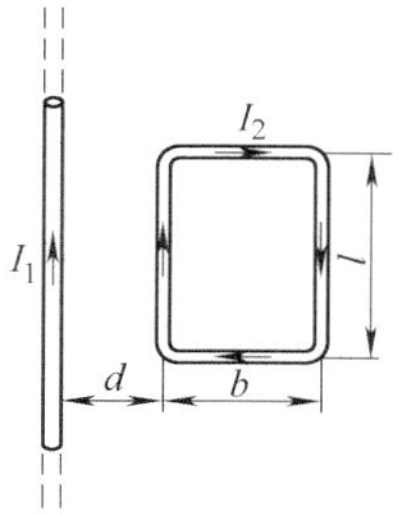

图 11.14

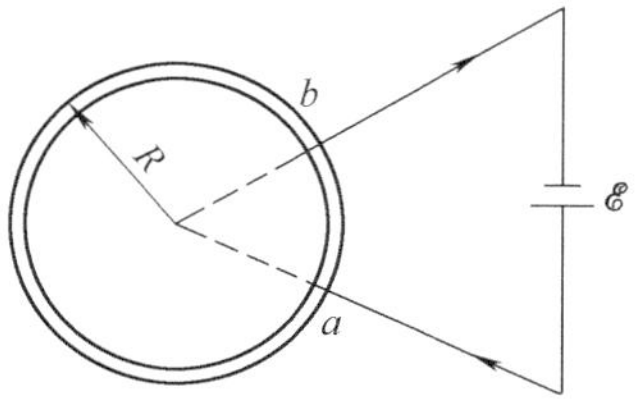

图 11.15

16. 如图 11.15（主教材图 11.55）所示，有两根导线沿半径方向接到铁环的 a 和 b 两点，并与很远处的电源相接。求环心 O 点处的磁感应强度。

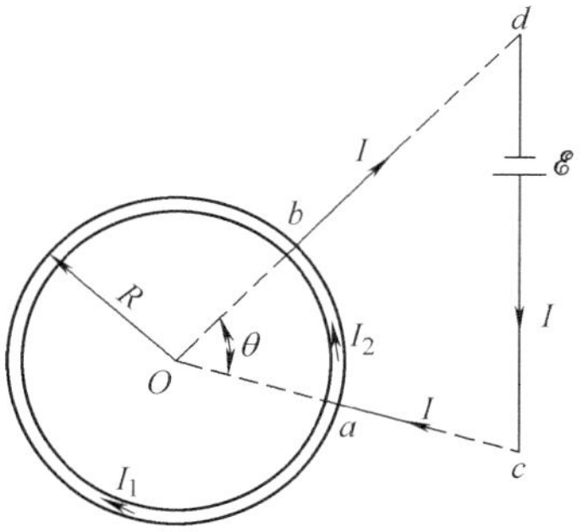

图 11.16

分析解答：如图 11.16 所示，圆心 O 点磁场由直电流 ac 和 bd 及两段圆弧上电流 I_1 与 I_2 所产生，但 ac 和 bd 在 O 点产生的磁场为零，且

$$\frac{I_1}{I_2} = \frac{电阻 R_2}{电阻 R_1} = \frac{\theta}{2\pi-\theta}$$

I_1 产生的磁感应强度大小为

$$B_1 = \frac{\mu_0 I_1}{2R}\frac{2\pi-\theta}{2\pi}，方向垂直纸面向里$$

$$= \frac{\mu_0 I_1}{4\pi R}(2\pi-\theta)$$

I_2 产生的磁感应强度大小为

$$B_2 = \frac{\mu_0 I_2}{2R}\frac{\theta}{2\pi} = \frac{\mu_0 I_2}{4\pi R}\theta，方向垂直纸面向外$$

所以，

$$\frac{B_1}{B_2} = \frac{I_1(2\pi-\theta)}{I_2\theta} = 1$$

环中心 O 点处的磁感应强度为

$$\boldsymbol{B}_0 = \boldsymbol{B}_1 + \boldsymbol{B}_2 = 0$$

17. 已知地球北极地磁场磁感应强度 $\boldsymbol{B}$ 的大小为 6.1×10^{-5}T。如图 11.17

（主教材图 11.56）所示，如果此地磁场是由地球赤道上一圆电流所激发，此电流有多大？流向如何？

分析解答：设赤道电流为 I，则圆电流轴线上北极点的磁感应强度

$$B=\frac{\mu_0 IR^2}{2(R^2+R^2)^{3/2}}=\frac{\mu_0 I}{4\sqrt{2}R}$$

因此，赤道上的等效圆电流为

$$I=\frac{4\sqrt{2}RB}{\mu_0}=1.73\times10^9\,\mathrm{A}$$

由于在地球内部，地磁场由南极指向北极，根据右手螺旋法则可以判断赤道圆电流应该是由西向东流，与地球自转方向一致。

18. 如图 11.18（主教材图 11.57）所示，匀强磁场中有一矩形通电线圈，它的平面与磁场平行，在磁场作用下，线圈向什么方向转动？

分析解答：受力方向垂直纸面向里，cd 受力外，在力偶矩的作用下，ab 垂直纸面向里运动，cd 垂直纸面向外运动，从上往下看，顺时针旋转。

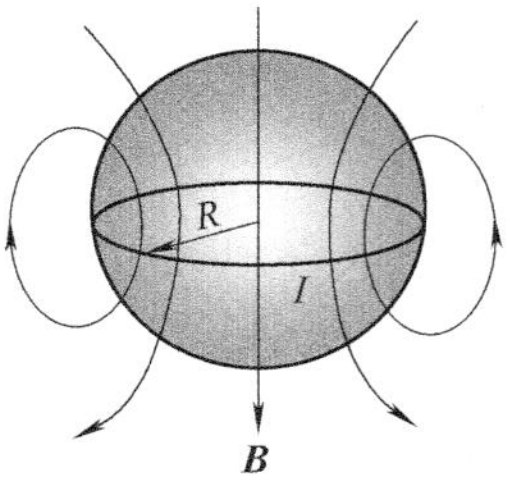

图 11.17

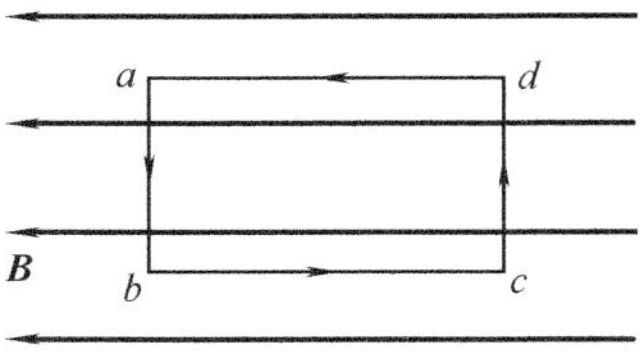

图 11.18

19. 已知地面上空某处地磁场的磁感应强度的大小 $B=0.40\times10^{-4}\,\mathrm{T}$，方向向北。若宇宙射线中有一速率 $v=5.0\times10^7\,\mathrm{m\cdot s^{-1}}$ 的质子垂直地通过该处，求：（1）洛仑兹力的方向；（2）洛仑兹力的大小，并与该质子受到的万有引力相比较。

分析解答：

（1）依照 $\boldsymbol{F}=q\boldsymbol{v}\times\boldsymbol{B}$ 可知，洛仑兹力 $\boldsymbol{F}$ 方向为 $q\boldsymbol{v}\times\boldsymbol{B}$ 的方向。

（2）因 $\boldsymbol{v}\perp\boldsymbol{B}$，质子所受的洛仑兹力

$$F_{\mathrm{L}}=qvB=3.2\times10^{-16}\,\mathrm{N}$$

在地球表面质子所受的万有引力

$$G=m_{\mathrm{p}}g=1.64\times10^{-26}\,\mathrm{N}$$

因而，有 $F_{\mathrm{L}}/G=1.95\times10^{10}$，即质子所受的洛仑兹力远大于重力。

20. 带电粒子在过饱和液体中运动，会留下一串气泡，显示出粒子运动的径

迹。设在气泡室有一质子垂直于磁场飞过，留下一个半径为 3. 5cm 的圆弧径迹，测得磁感应强度为 0. 2T，求此质子的动量和能量。

分析解答：根据带电粒子回转半径与粒子运动速率的关系有

$$p=mv=ReB=1.\,12\times10^{-21}\,\mathrm{kg\cdot m/s}$$

$$E_{\mathrm{k}}=\frac{p^2}{2m}=2.\,35\,\mathrm{keV}$$

21. 从太阳射来的速率为 $0.\,80\times10^{7}\,\mathrm{m\cdot s^{-1}}$ 的电子进入地球赤道上空高层范艾伦辐射带中，该处磁场为 $4.\,0\times10^{-7}\,\mathrm{T}$，此电子回转轨道半径为多大？若电子沿地球磁场的磁感线旋进到地磁北极附近，地磁北极附近磁场为 $2.\,0\times10^{-5}\,\mathrm{T}$，其轨道半径又为多少？

分析解答：由带电粒子在磁场中运动的回转半径高层范艾伦辐射带中的回转半径为

$$R_1=\frac{mv}{eB_1}=1.\,1\times10^{2}\,\mathrm{m}$$

地磁北极附近的回转半径为

$$R_2=\frac{mv}{eB_2}=2.\,3\,\mathrm{m}$$

22. 一直流变电站将电压 500kV 的直流电通过两条截面不计的平行输电线输向远方。已知两输电导线间单位长度的电容为 $3.\,0\times10^{-11}\,\mathrm{F\cdot m^{-1}}$，若导线间的静电力与安培力正好抵消。求：（1）通过输电线的电流；（2）输送的功率。

分析解答：

（1）由分析知，单位长度导线所受的安培力和静电力分别为

$$F_B=BI=\frac{\mu_0 I^2}{2\pi d}$$

$$F_E=E\lambda=\frac{C^2U^2}{2\pi\varepsilon_0 d}$$

由 $\boldsymbol{f}_B+\boldsymbol{f}_E=0$ 可得

$$\frac{\mu_0 I^2}{2\pi d}=\frac{C^2U^2}{2\pi\varepsilon_0 d}$$

解得

$$I=\frac{CU}{\sqrt{\varepsilon_0\mu_0}}=4.\,5\times10^{3}\,\mathrm{A}$$

（2）输出功率

$$P=IU=2.\,25\times10^{9}\,\mathrm{W}$$

第十二章　电磁感应　电磁场　电磁波

本章知识体系结构图

一、电磁感应现象

（一）基本现象

不论何种原因，当通过回路面积的磁通量发生变化时，回路中就会产生感应电流，这种现象称为电磁感应现象。

（二）基本规律

规律一　法拉第电磁感应定律

$$\mathscr{E}=-\frac{\mathrm{d}\Phi}{\mathrm{d}t}$$ **（用来计算感应电动势的大小）**

规律二　楞次定律

闭合回路中感应电流的方向，总是使它所激发的磁场来阻碍或反抗引起感应电流的磁通量的变化。**（用来判断感应电流的方向）**

自感与互感

1. 自感

自感　$L=\dfrac{\Phi}{i}$

自感电动势 $\mathscr{E}_L=-L\dfrac{\mathrm{d}i}{\mathrm{d}t}$

2. 互感

互感　$M=\dfrac{\Psi_{21}}{i_1}=\dfrac{\Psi_{12}}{i_2}$

互感电动势 $\mathscr{E}_{21}=-M\dfrac{\mathrm{d}i_1}{\mathrm{d}t}$

$\mathscr{E}_{12}=-M\dfrac{\mathrm{d}i_2}{\mathrm{d}t}$

动生电动势与感生电动势的计算

1. 动生电动势　$\mathscr{E}=\int_L(\boldsymbol{v}\times\boldsymbol{B})\cdot\mathrm{d}\boldsymbol{l}$

2. 感生电动势　$\mathscr{E}=\oint_L\boldsymbol{E}_\mathrm{k}\cdot\mathrm{d}\boldsymbol{l}=-\int_S\dfrac{\partial\boldsymbol{B}}{\partial t}\cdot\mathrm{d}\boldsymbol{S}$

（三）电磁感应现象的应用

发电机、电子感应加速器、涡电流、金属探测器、电子点火器等。

二、磁场的能量

1. 磁场能量密度

$$w_{\mathrm{m}}=\frac{W_{\mathrm{m}}}{V}=\frac{1}{2}\frac{B^2}{\mu}=\frac{1}{2}\mu H^2=\frac{1}{2}\boldsymbol{B}\cdot\boldsymbol{H}$$

2. 磁场能量

$$W_{\mathrm{m}}=\int_V w_{\mathrm{m}}\mathrm{d}V=\int_V\frac{1}{2}\frac{B^2}{\mu}\mathrm{d}V$$

三、麦克斯韦电磁场理论

两个假设

涡旋电场

$$\oint_l\boldsymbol{E}\cdot\mathrm{d}\boldsymbol{l}=-\int_S\frac{\partial\boldsymbol{B}}{\partial t}\cdot\mathrm{d}\boldsymbol{S}$$

位移电流

1. 位移电流密度

$$\boldsymbol{j}=\frac{\mathrm{d}\boldsymbol{D}}{\mathrm{d}t}$$

2. 位移电流

$$I=\frac{\mathrm{d}\Psi}{\mathrm{d}t}=\int_S\frac{\partial\boldsymbol{D}}{\partial t}\cdot\mathrm{d}\boldsymbol{S}$$

麦克斯韦方程组

$$\oint_S\boldsymbol{D}\cdot\mathrm{d}\boldsymbol{S}=\sum_{S内}q$$

$$\oint_l\boldsymbol{E}\cdot\mathrm{d}\boldsymbol{l}=-\int_S\frac{\partial\boldsymbol{B}}{\partial t}\cdot\mathrm{d}\boldsymbol{S}$$

$$\oint_S\boldsymbol{B}\cdot\mathrm{d}\boldsymbol{S}=0$$

$$\oint_l\boldsymbol{H}\cdot\mathrm{d}\boldsymbol{l}=\sum I+\int_S\frac{\partial\boldsymbol{D}}{\partial t}\cdot\mathrm{d}\boldsymbol{S}$$

电磁波的性质与应用

前几章介绍了静电场和稳恒磁场的有关性质与规律，可以发现，人们在对电现象和磁现象的认知过程中，开始时并没有认识到二者是有关系的。直到 1820 年 7 月，奥斯特发现了电流的磁效应之后，人们才认识到电与磁的关联性。那么既然电能生磁，磁能不能生电呢？1831 年，法拉第终于发现了磁也能生电——变化的磁场会激发感生电场，这就是本章讲的主要内容。

变化的电场会激发感生磁场，变化的磁场会激发感生电场。可见，变化电场和变化磁场不是彼此孤立的，它们相互联系，相互激发，组成一个统一的电磁场，这是本章学习的另一部分内容——经典电磁理论。

主要问题的分类及对策

主要问题一：对电磁感应现象与两个规律的认识

对这一部分知识的处理，可以作为高中知识的复习内容，但同时要认识到这一部分内容又是本章内容的基础。

从知识结构上来看，本章第二、三、四、五节讲的都是电磁感应现象。

主要问题二：动生电动势与感生电动势

对概念的认识：

根据法拉第电磁感应定律，只要穿过回路的磁通量发生了变化，在回路中就会有感应电动势产生。由磁通量的计算公式 $\Phi = \int_S \boldsymbol{B} \cdot \mathrm{d}\boldsymbol{S}$ 可以看出，引起磁通量 Φ 变化的原因有两种情况：其一是回路所在空间的磁场 $\boldsymbol{B}$ 不变，回路所围的面积 S 或面积取向发生变化；其二是回路的面积 S 不变，回路所在空间的磁场发生变化。我们将前一种原因产生的感应电动势称为动生电动势，而后一种原因产生的感应电动势称为感生电动势。

对本质的认识：

我们知道，电动势是描述电源中某种非静电力做功本领大小的物理量，产生动生电动势的非静电力是洛仑兹力，产生感生电动势的非静电力是感生电场力。

主要问题三：自感与互感　电磁感应现象的应用

1）自感与互感这两种现象实际上就是电磁感应现象，只不过是把它们作为特殊的电磁感应现象来认识和讲解。对这一部分内容，除了掌握基本现象外，还要理解自感与互感的应用——这是电工学的基础知识。

2）电磁感应现象在生产、科研、生活等方面有非常多的应用，了解知识的应用对理解知识、提高学习兴趣有很大帮助。

主要问题四：磁场的能量

磁场的能量与什么有关？从磁场能量密度公式去找答案吧。

$$w_{\mathrm{m}} = \frac{W_{\mathrm{m}}}{V} = \frac{1}{2}\ \frac{B^2}{\mu} = \frac{1}{2}\mu H^2 = \frac{1}{2}\boldsymbol{B} \cdot \boldsymbol{H}$$

注意：学习这部分知识时，要与“电场的能量”部分作对比。

主要问题五：经典电磁理论

1）理解麦克斯韦提出的涡旋电场和位移电流的概念，它是经典电磁理论的基础。

2）麦克斯韦方程组告诉我们，变化的电场产生磁场，变化的磁场产生电场——提示了电与磁的本质。

3）电磁波的产生与传播、性质与应用。

问 题 讨 论

问题1：如图12.1（主教材图12.3）所示，在匀强磁场中放置两根相互平行的金属导轨 ac、bd，在导轨上放置两根可自由移动的金属棒 ab、cd。问当 ab 向右运动时，cd 如何移动？

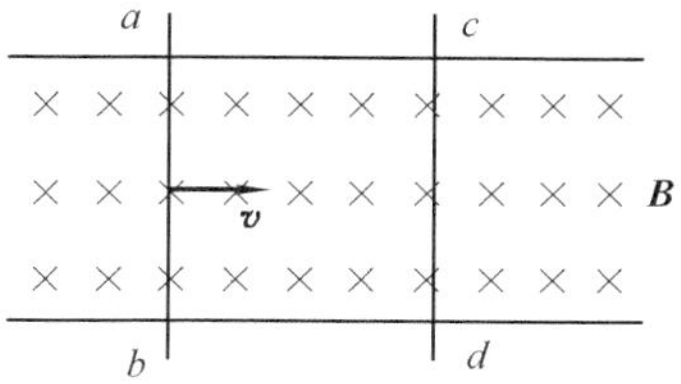

图　12.1

分析解答：

当 ab 向右运动时，穿过导体回路 $abdca$ 的磁通量减小——进入的通量减少，所以回路中感应电流产生的磁场方向垂直纸面向里，即与原磁场方向相同，这样感应电流产生的磁场才能阻碍穿过导体回路 $abdca$ 磁通量的减小，所以回路中产生的感应电流方向为顺时针方向，即流过 cd 导线的感应电流方向由 c 到 d，根据安培定律可以判断出 cd 导线受力向右，也就是说，当 ab 向右运动时，cd 导线向右移动。

问题2：静止的电荷周围产生静电场，运动的电荷（电流）周围产生磁场，而运动是相对的，那么电荷周围有静电场，还是有磁场？或者问，电场、磁场、电磁场，是三种场吗？

分析解答：

麦克斯韦电磁场理论告诉我们：变化的电场产生磁场，变化的磁场产生电场。均匀变化的电场产生稳定的磁场，均匀变化的磁场产生稳定的电场。周期性变化的电场产生同频率周期性变化的磁场，周期性变化的磁场产生同频率周期性变化的电场。周期性变化的电场和磁场交替向远处传播，这就是电磁波。

电场和磁场只是这个统一体——电磁场——的两种具体表现。电磁场是不可分割的一个事物的不同表现，电场和磁场是电磁场在特定坐标系下的一种表现形式而已，没有本质区别。就像一个立方体，你从一个侧面正看过去是一个正方形，转一个角度就变成了两个矩形，再转一个角度还可能是三个菱形。

相同点：电场和磁场均为矢量场，即都具有大小和方向。

不同点：电场为有源场，即散度不为零，磁场为无源场，散度为零。电场不存在闭合的电感应线，即电场是无旋场。磁场总是存在闭合的磁感应线，即磁场为有旋场。电场有源性的推理：存在点电荷，即单极电场（正电场和负电场）。磁场无源性的推论：不存在磁荷，即没有磁单极子。

填空题及答案

1. 感应电动势根据磁场的变化和回路所围面积的变化，分为两种，一种是<u>动生电动势</u>；另一种是<u>感生电动势</u>。

2. 引起动生电动势的非静电力是<u>洛仑兹力</u>，引起感生电动势的非静电力是<u>感生电场（或答：涡旋电场，或答：有旋电场）</u>力。

3. 麦克斯韦提出了<u>涡旋电场</u>和<u>位移电流</u>两个假设，揭示了电场和磁场之间的内在联系。

4. 磁场的能量密度 $w_{\mathrm{m}} = \dfrac{1}{2\mu_0}B^2$ 或$\dfrac{1}{2\mu}B^2$。

5. 电磁感应现象的发现改变了人类的生活。在我们的生活和生产中利用这个基本物理知识的例子很多，举一个实例：交流发电机、感应圈、变压器、金属探测器、电子打火器。

思考与练习解答

1. 电磁感应现象是怎么产生的？举例说明。

分析解答：穿过导体回路的磁通量发生变化，回路中产生感应电流的现象，称为电磁感应现象。基本情况有两种：其一是回路所在空间的磁场 $\boldsymbol{B}$ 不变，回路所围的面积 S 或面积取向发生变化；其二是回路的面积 S 不变，回路所在空间的磁场发生变化。

举例：

当条形磁铁插入或拔出线圈回路时，在线圈回路中会产生电流；将闭合回路置于稳恒磁场 $\boldsymbol{B}$ 中，当导体棒在导体轨道上滑行时，回路内出现了电流。

2. 电动势是非静电力做功的结果，那么，产生动生电动势的非静电力是什么？产生感生电动势的非静电力又是什么？

分析解答：产生动生电动势的非静电力是洛仑兹力，产生感生电动势的非静电力是感生电场力。

3. 产生涡电流时，必定有电荷作定向运动。那么，是什么驱使电荷作定向运动？

分析解答：感生电场（或者答感应电动势）。

4. 什么是自感现象？什么是互感现象？

分析解答：当一个线圈（或线圈绕组）中的电流 i 发生变化时，由于磁场的变化，通过线圈自身的磁通量 $\boldsymbol{\Phi}$ 也随之变化，于是线圈自身便出现感应电动势——自感电动势，这种现象称为自感现象。

一个线圈中的电流发生了变化，将导致附近另一个线圈出现感应电动势，我们把这种现象称为互感现象，线圈中出现的感应电动势称为互感电动势。

5. 什么叫位移电流？位移电流与传导电流有什么异同？

分析解答：由电荷的定向运动形成的电流，称为传导电流。

变化的电场在空间产生的电流，称为位移电流。位移电流等于电位移通量随时间的变化率，即

$$I = \frac{\mathrm{d}\Psi}{\mathrm{d}t}$$

对传导电流与位移电流的认识：

1）在激发磁场方面是等效的，所以都称为电流。

2）传导电流与位移电流起源不同，传导电流是电荷的宏观定向移动形成的，位移电流是变化的电场产生的；传导电流能在导体中产生焦耳热，位移电流却不会产生焦耳热；传导电流只能存在于导体中，位移电流则可以存在于真空、导体和电介质中。

3）位移电流揭示了电场和磁场的内在联系，反映了自然界的对称性：变化的磁场产生涡旋电场，变化的电场产生涡旋磁场。两种变化的场永远相互联系着，形成统一的电磁场。

6. 一无铁心的长直螺线管，在保持其半径和长度不变的情况下，减少线圈的匝数，则它的自感将（　　）。

（A）增大　　（B）减小　　（C）不变　　（D）不能确定

解答：（B）

7. 感生电动势的表达式为 $\oint_L \boldsymbol{E}_\mathrm{k} \cdot \mathrm{d}\boldsymbol{l} = -\int_S \frac{\partial \boldsymbol{B}}{\partial t} \cdot \mathrm{d}\boldsymbol{S}$，式中 $\boldsymbol{E}_\mathrm{k}$ 为感生电场，此式表明（　　）。

（A）闭合曲线 L 上 $\boldsymbol{E}_\mathrm{k}$ 处处相等

（B）感生电场不能像静电场那样引入电势的概念

（C）感生电场是保守力场

（D）感生电场的电场线不闭合

解答：（B）。

8. 激发涡旋电场的是（　　）。

（A）变化的磁场　（B）运动电荷　（C）静止电荷　（D）电流

解答：（A）。

9. 关于位移电流，下述说法正确的是（　　）。

（A）位移电流服从传导电流遵循的所有规律

（B）位移电流和传导电流一样是定向运动的电荷产生的

（C）位移电流的实质是变化的电场

（D）位移电流的磁效应不服从安培环路定理

解答：（C）。

10. 如图 12.2（主教材图 12.25）所示，长直导线中通有电流为 I 的电流，长为 l 的金属棒 AB 与长直导线共面且垂直于导线放置，其 A 端离导线距离为 a，并以速度 $\boldsymbol{v}$ 平行于长直导线作匀速运动，求金属棒中的动生电动势。

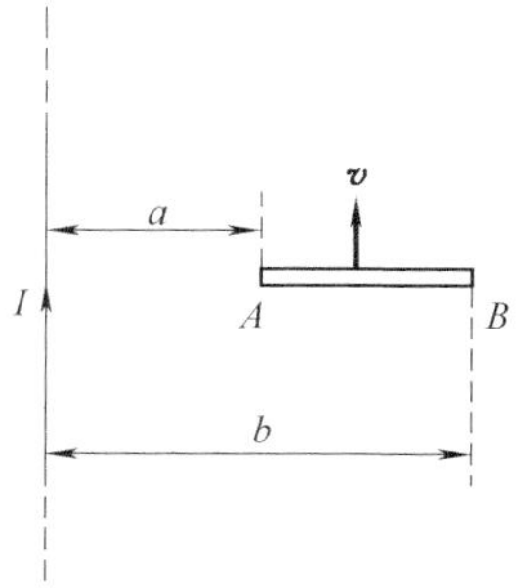

图　12.2

分析解答：设想在棒中有一电子，在棒运动过程中电子与棒的运动方向相同。电子受到洛仑兹力的方向指向 B 端，电子移向 B 端，所以 A 端电势高于 B 端，A 端相当于电源正极，B 端为负极。

金属棒 AB 上不同地方虽然运动速度相同，但不同处的磁感应强度不同，所以金属棒在切割磁感应线运动时，产生的动生电动势的计算要用积分式

$$\mathscr{E} = \int \mathrm{d}\mathscr{E} = \int (\boldsymbol{v} \times \boldsymbol{B}) \cdot \mathrm{d}\boldsymbol{l}$$

已知通电导线周围的磁场分布表达式为

$$B = \frac{\mu_0 I}{2\pi r}$$

磁场方向如图 12.3 中所示。

在 AB 上取一微元 $\mathrm{d}\boldsymbol{r}$，方向由 B 指向 A（负极指向正极），$\mathrm{d}\boldsymbol{r}$ 到通电导线的距离设为 r，则 $\mathrm{d}\boldsymbol{r}$ 两端在导线运动时，产生的动生电动势的大小为

$$\mathrm{d}\mathscr{E} = (\boldsymbol{v} \times \boldsymbol{B}) \cdot \mathrm{d}\boldsymbol{r} = vB\sin\frac{\pi}{2} \cdot (-\mathrm{d}r)\cos 0^\circ$$
$$= -vB\mathrm{d}r$$

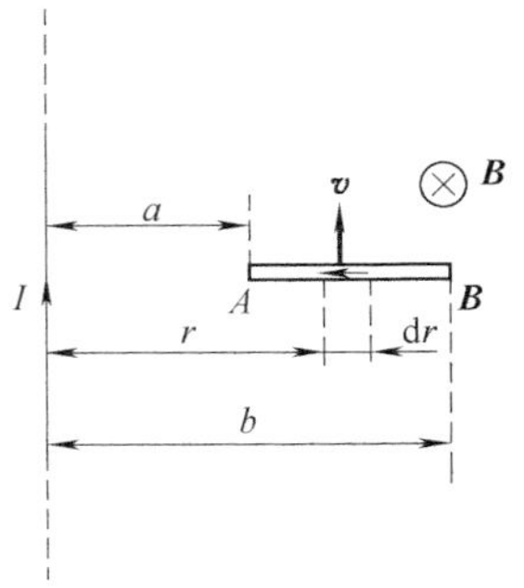

图 12.3

说明：$\mathrm{d}r$ 本身为一负值。

代入 B，有

$$\mathrm{d}\mathscr{E} = -\frac{\mu_0 I v}{2\pi r}\mathrm{d}r$$

$$\mathscr{E} = \int_{-}^{+} \mathrm{d}\mathscr{E} = -\int_b^a \frac{\mu_0 I v}{2\pi r}\mathrm{d}r$$

$$= -\frac{\mu_0 I v}{2\pi}\int_b^a \frac{1}{r}\mathrm{d}r = -\frac{\mu_0 I v}{2\pi}\ln\frac{a}{b} = \frac{\mu_0 I v}{2\pi}\ln\frac{a+l}{a}$$

11. 如图 12.4（主教材图 12.26）所示，长直导线中通有电流 $I = 5.0\mathrm{A}$，在与其相距 $d = 0.5\mathrm{cm}$ 处放有一矩形线圈，共 1000 匝，设线圈长 $l = 4.0\mathrm{cm}$，宽 $a = 2.0\mathrm{cm}$。不计线圈自感，若线圈以速度 $v = 3.0\mathrm{cm}\cdot\mathrm{s}^{-1}$ 沿垂直于长导线的方向向右运动，此时线圈中产生的感生电动势多大？

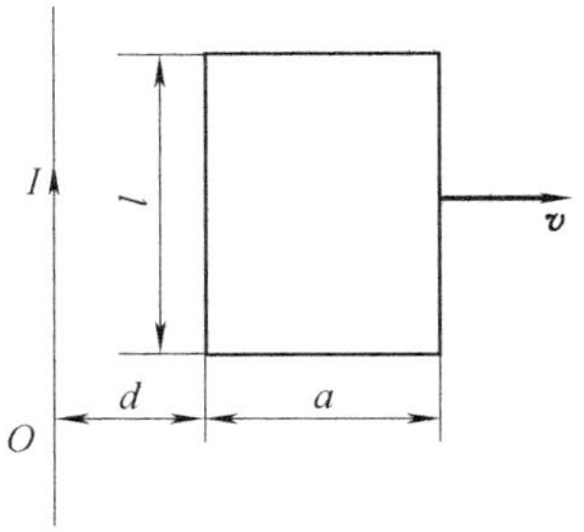

图 12.4

分析解答：

解法一：利用法拉第电磁感应定律求解：

利用 $\oint_l \boldsymbol{B} \cdot \mathrm{d}\boldsymbol{l} = \mu_0 \sum I$ 求出电场分布，得

$$B = \frac{\mu_0 I}{2\pi r}$$

则通过矩形线圈内的磁通量为

$$\Phi = \int_S \boldsymbol{B} \cdot \mathrm{d}\boldsymbol{S} = \frac{\mu_0 Il}{2\pi}\int_x^{x+a} \frac{\mathrm{d}r}{r} = \frac{\mu_0 Il}{2\pi}\ln\frac{x+a}{x}$$

由法拉第电磁感应定律 $\mathscr{E} = -N\mathrm{d}\Phi/\mathrm{d}t$，有

$$\mathscr{E}_\mathrm{i} = -\frac{\mu_0 IlN}{2\pi}\left(\frac{1}{x+a} - \frac{1}{x}\right)\cdot\frac{\mathrm{d}x}{\mathrm{d}t} = -\frac{\mu_0 IlNv}{2\pi}\left(\frac{1}{x+a} - \frac{1}{x}\right)$$

当 $x=d$ 时，有

$$\mathscr{E}_\mathrm{i} = \frac{\mu_0 IlNv}{2\pi}\frac{a}{d(d+a)} = 1.92\times10^{-4}\mathrm{V}$$

解法二：利用动生电动势公式求解。

电流空间的磁场分布表达式为

$$B = \frac{\mu_0 I}{2\pi r}$$

矩形线圈与通电导线垂直的两边导线在运动过程中不切割磁场线，导线中不产生电动势；考虑线圈框架的两个平行于长直导线部分产生的动生电动势。

近端部分：$\mathscr{E}_1 = NB_1 lv$，$B_1 = \dfrac{\mu_0 I}{2\pi d}$

远端部分：$\mathscr{E}_2 = NB_2 lv$，$B_2 = \dfrac{\mu_0 I}{2\pi(d+a)}$

则：$\mathscr{E} = \mathscr{E}_1 - \mathscr{E}_2 = \dfrac{\mu_0 IlNv}{2\pi}\left(\dfrac{1}{d} - \dfrac{1}{d+a}\right) = \dfrac{\mu_0 IlNv}{2\pi}\dfrac{a}{d(d+a)}$

$=1.92\times10^{-4}\mathrm{V}$

12. 磁感应强度为 $\boldsymbol{B}$ 的均匀磁场充满一半径为 R 的圆柱形空间，一金属杆 AB 长为 R，放在图 12.5（主教材图 12.27）所示位置。当磁场匀速率变化时（$\mathrm{d}B/\mathrm{d}t>0$），求杆两端感生电动势的大小和方向。

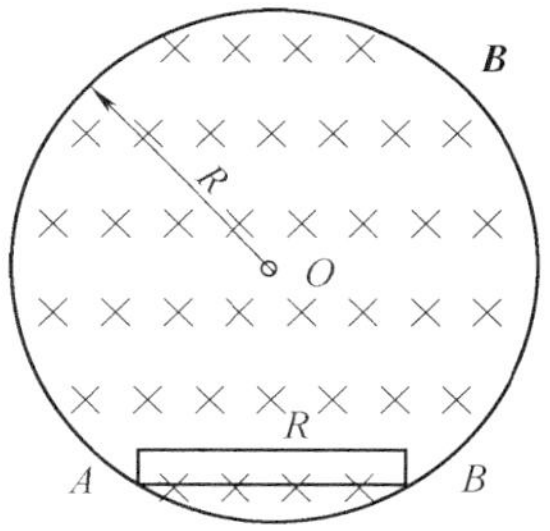

图　12.5

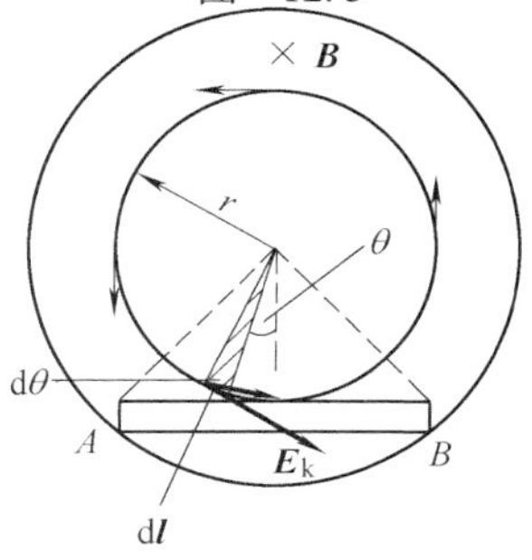

图　12.6

分析解答：

方法一：根据例 12.3 可知，变化的磁场在圆柱形内空间产生的感生电场为

$$E_\mathrm{k} = \frac{r}{2}\frac{\mathrm{d}B}{\mathrm{d}t}\quad(r<R)$$

方向如图 12.6 所示。

金属杆 AB 上不同部分的感生电场 $\boldsymbol{E}_\mathrm{k}$ 不同。

在杆上距圆心 O 点 r 处取一微元 $\mathrm{d}\boldsymbol{l}$，方向由 A

指向 B，$\mathrm{d}\boldsymbol{l}$ 所在处的感生电场 $\boldsymbol{E}_k$ 方向沿半径为 r 的圆的切线方向，$\mathrm{d}\boldsymbol{l}$ 与 $\boldsymbol{E}_k$ 方向的夹角为 θ，则 $\mathrm{d}\boldsymbol{l}$ 上产生的感生电动势为

$$\mathrm{d}\mathscr{E} = \boldsymbol{E}_k \cdot \mathrm{d}\boldsymbol{l} = \frac{r}{2}\frac{\mathrm{d}B}{\mathrm{d}t}\mathrm{d}l\cos\theta$$

方向由 A 指向 B。

分析上式：

$\mathrm{d}l\cos\theta = r\mathrm{d}\theta$ 为图中扇形阴影部分的弧长，$\frac{r}{2}\cdot r\mathrm{d}\theta$ 为阴影部分的面积。杆两端的感生电动势的大小为

$$\mathscr{E} = \int \mathrm{d}\mathscr{E} = \frac{\mathrm{d}B}{\mathrm{d}t}\int \frac{r}{2}\cdot r\mathrm{d}\theta = \frac{\mathrm{d}B}{\mathrm{d}t}\int \mathrm{d}S = \frac{\sqrt{3}R^2}{4}\frac{\mathrm{d}B}{\mathrm{d}t}$$

其中，$\sqrt{3}R^2/4$ 为三角形 OAB 的面积。

方法二：

利用法拉第电磁感应定律求解：

设想连接一个 OAB 闭合回路，如图 12.7 所示，穿过该回路的磁通量为

$$\Phi = \frac{\sqrt{3}}{4}R^2B$$

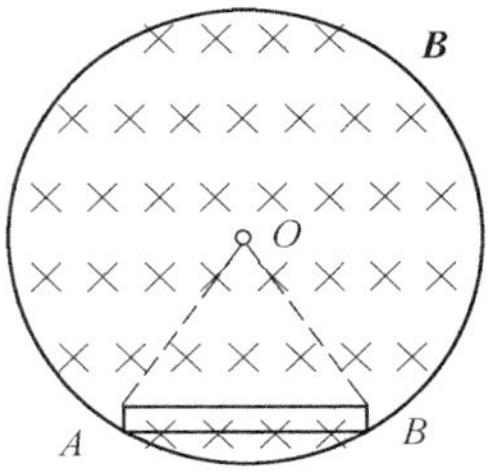

图 12.7

磁场变，Φ 变。利用法拉第电磁感应定律，在回路中产生的感应电动势为

$$\mathscr{E} = -\frac{\mathrm{d}\Phi}{\mathrm{d}t} = -\frac{\sqrt{3}R^2}{4}\frac{\mathrm{d}B}{\mathrm{d}t}$$

由于空间产生的感生电场方向始终与 OA 和 OB 线垂直，有

$$\mathscr{E}_{OA} = \int_O^A \boldsymbol{E}_k \cdot \mathrm{d}\boldsymbol{l} = 0$$

$$\mathscr{E}_{OB} = \int_O^B \boldsymbol{E}_k \cdot \mathrm{d}\boldsymbol{l} = 0$$

所以杆两端的感生电动势大小为

$$\mathscr{E}_{AB} = \frac{\sqrt{3}R^2}{4}\frac{\mathrm{d}B}{\mathrm{d}t}$$

由楞次定律可判断出感应电流的方向为逆时针方向，即杆 AB 两端的感生电动势方向由 A 指向 B。

13. 一矩形线圈长 $l = 20\mathrm{cm}$，宽 $b = 10\mathrm{cm}$，由 100 匝表面绝缘的导线绕成，放置在一根长直导线的旁边，并和直导线在同一平面内，如图 12.8（主教材图 12.28）所示。该直导线是一个闭合回路的一部分，其余部分离线圈很远，其影响可略去不计。求图 12.8a、b 两种情况下，线圈与长直导线间的互感。

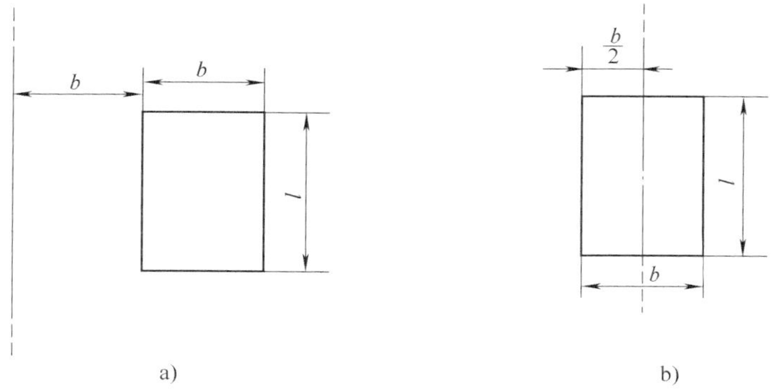

图 12.8

分析解答：设直导线通以电流 I。

在图 12.8a 情况下，通过矩形线圈的磁通量为

$$\Phi = \int_b^{2b} N \frac{\mu_0 I}{2\pi x} l \mathrm{d}x = N \frac{\mu_0 I l}{2\pi} \ln 2$$

由互感的定义，线圈与长直导线间的互感为

$$M = \frac{\Phi}{I} = N \frac{\mu_0 l}{2\pi} \ln 2 = 100 \times \frac{4\pi \times 10^{-7} \times 0.2}{2\pi} \ln 2 \mathrm{H} = 2.8 \times 10^{-6} \mathrm{H}$$

在图 12.8b 情况下，通过矩形线圈左右两半面积的磁通量相互抵消，总磁通量为 0，因此，线圈与长直导线间的互感也为 0，即

$$M = 0$$

14. 一个螺线管的自感为 10mH，通过线圈的电流为 4A，求它所储存的磁能。

分析解答：螺线管的磁能为

$$W_\mathrm{m} = \frac{1}{2} L I^2 = \frac{1}{2} \times 10^{-2} \times 4^2 \mathrm{J} = 0.08 \mathrm{J}$$

15. 假定从地面到海拔 $6 \times 10^6 \mathrm{m}$ 的范围内，地磁场为 $0.5 \times 10^{-4} \mathrm{T}$，试粗略计算在这区域内地磁场的总磁能。

分析解答：磁场能量密度为

$$w_\mathrm{m} = \frac{B^2}{2\mu_0}$$

此区域内地磁场的总磁能为

$$W_\mathrm{m} = w_\mathrm{m} V = \frac{B^2}{2\mu_0} \frac{4\pi}{3} [(R_\mathrm{e} + h)^3 - R_\mathrm{e}^3]$$

$$= \frac{0.5^2 \times 10^{-8}}{2 \times 10^{-7} \times 3} [(6.4 + 6)^3 - 6.4^3] \times 10^{18} \mathrm{J} \approx 7 \times 10^{18} \mathrm{J}$$

第十三章　波 动 光 学

本章知识体系结构图

光的干涉

1. 相干条件：振动方向相同，频率相同，相位差恒定。
2. 光程：$L = nr$
3. 相位差与光程差：$\Delta\varphi = 2\pi\delta/\lambda$

获得相干光的方法

分波阵面法

杨氏双缝实验

条纹位置

$$x = \begin{cases} \pm k\dfrac{D}{d}\lambda & \text{（明）} \\ \pm(2k+1)\dfrac{D}{d}\lambda/2 & \text{（暗）} \\ (k = 0,1,2,\cdots) \end{cases}$$

条纹间距

$$\Delta x = D\lambda/d$$

分振幅法

等厚干涉（e 不同，i 同）

劈尖：$2ne + (\lambda/2) = \begin{cases} k\lambda & \text{（明）} \\ (2k+1)\lambda/2 & \text{（暗）} \end{cases}$

$\Delta e = \lambda/2n,\ l = \lambda/2n\theta$

牛顿环：

$r = \sqrt{\dfrac{(k-1/2)}{n}R\lambda}$（明）

$r = \sqrt{kR\lambda/n}$（暗）

等倾干涉（e 同，i 不同）

$\delta = 2e\sqrt{n_2^2 - n_1^2\sin^2 i} = \begin{cases} k\lambda & \text{（明）} \\ (2k+1)\lambda/2 & \text{（暗）} \end{cases}$

增透膜：反射光干涉减弱

增反膜：反射光干涉加强

迈克尔逊干涉仪：可实现等倾干涉，也可实现等厚干涉

光的衍射（夫琅禾费衍射）

单缝衍射

明暗条纹条件：

$a\sin\theta = \pm(2k)\lambda/2$

$(k = 1,2,3,\cdots)$（暗条纹）

$a\sin\theta = \pm(2k+1)\lambda/2$

$(k = 1,2,3,\cdots)$（明条纹）

$2k$、$2k+1$ 称半波带数

$a\sin\varphi = 0$ 中央明条纹

条纹宽：

中央明条纹 $\Delta x_0 = 2\lambda f/a$

其他明条纹 $\Delta x = \lambda f/a$

圆孔衍射

因爱里斑占据大部分光能，所以只关注爱里斑信息。

半张角：

$\theta = 1.22\lambda/D$

光学仪器分辨本领（最小分辨角倒数）：

$$\frac{1}{\theta_0} = \frac{D}{1.22\lambda}$$

光栅衍射

光栅方程：

$d\sin\theta = \pm k\lambda\quad(k = 0,1,\cdots)$

条纹位置：

$x = f\tan\theta \approx f\sin\theta = \dfrac{f}{d}k\lambda$

缺级　$k = \dfrac{d}{a}k'$（使 k 为整数时，k' 的取值有效）

x 射线衍射

$2d\sin\varphi = k\lambda\ (k = 1,2,\cdots)$

可分析晶体结构，测 x 射线波长

光的偏振

获得偏振光的方法

偏振片起偏。马吕斯定律：$I = I_0\cos^2\alpha$

反射起偏。布儒斯特定律：$\tan i_0 = \dfrac{n_2}{n_1}$

折射起偏。利用玻璃片堆并以布儒斯特角入射，多次折射后，折射光也为线偏振光

其他获得偏振光的方法还有：晶体的双折射、尼科尔棱镜、波片。篇幅所限，这里从略。

干涉和衍射是一切波动的共同特征。正因为如此，研究光的干涉和衍射是理解光波动性质的必由之路。由于可见光的波长范围为400～760nm，所以通过光波的干涉或衍射的条纹分布及其变化，测量微小长度和长度的微小变化、通过分析物质未知元素光谱信息来判断其成分，是现代光学测量中不可或缺的有效手段。基于这样的考虑，研究讨论几种典型的干涉和衍射装置，利用这些干涉或衍射反映出来的各种条纹特征等信息，进行光学测量或计算，是我们的主要任务。同时，了解偏振光的一些实际应用。

主要问题的分类及对策

第一类，光的干涉。

由于普通光源发光具有随机性，所以通常可采取分波阵面法和分振幅法获得相干光，并且通过计算两条相干光的光程差，直接获得干涉结果。

（1）双缝干涉　由分波阵面法获得，条纹位置和特点见知识体系结构图。只需要补充说明：由光程差的推导过程容易看出，如果将双缝装置从空气中移到折射率较大的其他透明介质里，中央明条纹位置不变，各条纹向中央明条纹靠近，条纹间距变密，变为

$$\Delta x = \frac{D}{nd}\lambda$$

（2）薄膜干涉

1）等厚干涉。倾角不变，干涉级次 k 随厚度变化而变化，如劈尖、牛顿环。

2）等倾干涉。膜厚不变，干涉级次 k 随倾角变化而变化。

在薄膜干涉中，若 $n_1<n_2<n_3$ 或 $n_1>n_2>n_3$，在光程差中不计入附加光程差 $\lambda/2$，若 $n_1<n_2>n_3$ 或 $n_1>n_2<n_3$，在光程差中计入附加光程差 $\lambda/2$。干涉级次 k 的最小取值要使明暗条纹条件表达式有意义。例如，一束波长为 λ 的单色光，光垂直入射（$i=0$）到折射率为 n_2，厚度为 e 的薄膜上，经薄膜上下表面反射后，其反射光因干涉而加强的条件分别为：

若 $n_1>n_2>n_3$ 或 $n_1<n_2<n_3$，则两束反射光因干涉而加强的条件是

$2n_2e=k\lambda$（这里，k 的取值可从0开始，即 $k=0,1,2,\cdots$）

若 $n_1>n_2<n_3$（对应的半波损失发生在薄膜的下表面）或 $n_1<n_2>n_3$（对应的半波损失发生在薄膜的上表面），则两束反射光因干涉而加强的条件是

$2n_2e+\dfrac{\lambda}{2}=k\lambda$（这里，为使该等式有意义，$k$ 的取值必须从1开始，即 $k=1,2,3,\cdots$）

（3）迈克尔逊干涉仪　结构简单，设计精巧，调整该干涉仪的两个反射镜的相对角度，既可以实现薄膜的等倾干涉，也可以实现薄膜的等厚干涉。它的最大优点是两相干光束在空间是完全分开的，互不扰乱，因此，可用移动反射镜或在单独的某一光路中加入其他光学元件的方法来改变两光束的光程差，这就使该干涉仪在现代精密测量领域具有广泛的应用，如用于测长度、测折射率和检查光

学元件表面的平整度等，测量的精度很高。其改进或变形装置在近代科技领域中所展示的功能也是多种多样的。例如，光调制的实现、光拍频的实现以及激光波长的测量等。同时，它也是最早直接证明光速不变的代表性实验装置，是设计性实验装置的典型代表。

第二类，光的衍射。

当光遇到狭缝、小孔、圆屏等障碍物时，如果障碍物的线度 ρ 满足 $10^3\lambda > \rho > 10\lambda$ 关系，则光的传播方向和光强分布都将发生改变，即产生衍射。当 $\rho > 10^3\lambda$ 时，光近乎直线传播；当 $\rho < 10\lambda$ 时，衍射向散射过渡。由于衍射是无限多条相干光的相干叠加，所以衍射结果的计算很复杂，本教材不作详细介绍。对于单缝衍射，采取简单、形象、直观的半波带法给出粗略的衍射结论，而对于圆孔衍射和光栅衍射，只是给出衍射结果和衍射特点（相应的结论见知识体系结构图）。

第三类，光的偏振。

偏振是光具有横波特征的有力证明。获得偏振光，可通过偏振片法、反射法、折射法以及利用晶体各向异性特点来实现。

理性解读：**干涉是有限条相干光束相干叠加的结果，强调光的直线传播特性。衍射是无限多条相干光相干叠加的结果，强调光的绕射。以光栅衍射为例：它是由 N 个缝上各对应点对某一衍射角发出的有限多条相干光叠加与每个缝上对该衍射角发出的无限多条相干光叠加的共同作用效果。另外，由于各缝是发光主体，所以缝间的干涉要受到单缝衍射的调制。即每个缝对应于某个衍射角发出的光振动限制着缝间对同一衍射角发出的光振动，虽然由于缝增多，缝间干涉的各个主极大更亮了，但各干涉主极大光强的总体轮廓仍犹如单缝衍射，这就是调制的含义。“最严厉的调制”便是缺级：即，对应于某一衍射角，各缝对屏上光振动都是零贡献（衍射极小），那么，缝间干涉对屏上光振动也一定是零贡献（干涉主极大不会出现）。**

温馨提示：**对于光的衍射，原则上，一般要通过分割波带后，采取菲涅耳积分法、矢量图解法精确计算衍射结果，从而获得衍射的各种信息，如单缝衍射各级明暗条纹精确位置，相对光强大小，圆孔衍射中爱里斑相对透镜中心半张角与透镜孔径和入射波长的关系，衍射光栅各主极大位置、次级大和极小位置、缺级位置以及它们的相对光强大小等信息。考虑到本教材适用对象是非物理专业读者，而且受学时所限，这里不作详细介绍。**

问题讨论

问题1：关于薄膜干涉中反射光、透射光的光程差计算。结论是：反射光与透射光的光程差总是相差半波长，即反射光因干涉加强，则透射光一定因干涉减弱，反之亦然。

以垂直入射（$i=0$）为例，并设膜上介质的折射率为 n_1，膜的折射率为 n_2，膜下介质的折射率为 n_3，如图 13.1 所示。

分析解答：(1) 设 $n_1 < n_2 < n_3$。反射光程差：入射光在膜的上表面反射和

下表面反射时都无半波损失，所得光线 1 和光线 2 的光程差为

$$\delta = 2n_2 e$$

透射光程差：入射光的一部分在膜的下表面直接透射所得光线 3；另一部分经膜的下表面反射（有半波损失）到膜的上表面，再由膜的上表面反射（无半波损失）并经下表面透射所得光线 4。光线 3 和光线 4 的光程差为

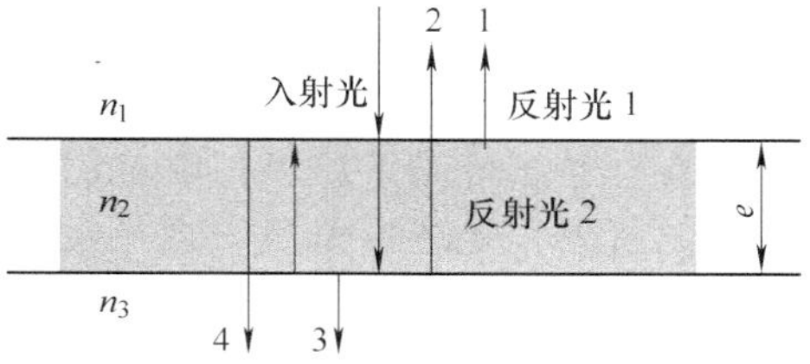

图 13.1

$$\delta = 2n_2 e + \frac{\lambda}{2}$$

由于光程差相差半个波长，相当于相位相差 π，所以对同一薄膜，只要反射光因干涉加强，那么透射光就一定因干涉减弱。

（2）设 $n_1 < n_2 > n_3$。反射光程差：同样分析，入射光在膜的上表面反射有半波损失，在膜的下表面反射时无半波损失，光线 1 和光线 2 的光程差为

$$\delta = 2ne + \frac{\lambda}{2}$$

透射光程差：入射光先经膜的下表面反射（无半波损失），再经膜的上表面反射（无半波损失）回来，透射所得光线 4 与直接透射的光线 3 的光程差为

$$\delta = 2ne$$

可见，问题 1 中的结论依然成立。

问题 2：关于主教材中两个思考问题的回应。

（1）空气中有一厚度均匀的肥皂膜，在它经历了由厚变薄的过程中颜色在不断变化，最后破裂的瞬间，你看到的却是黑色。这是为什么？请说明。

分析解答：肥皂膜处在空气中，就反射光而言，由于肥皂膜的折射率比空气的折射率大，所以产生的光程差为

$$\delta = 2ne + \frac{\lambda}{2}$$

由于膜厚 e 的变化，你可能看到对应不同膜厚的颜色，但当肥皂膜破裂时，$e = 0$，显然满足反射光干涉减弱条件，即

$$\delta = 2ne + \frac{\lambda}{2} = (2k+1)\frac{\lambda}{2}$$

式中 $k=0$ 时，刚好对应的是膜厚 $e=0$ 的情形。因此，你在肥皂膜原来所在区域看到的一定是黑色，此刻，各种波长的光都因干涉而相消。

（2）在实验室中，常用牛顿环测定光波波长或平凸透镜的曲率半径。从主教材中式（13.9）的推导过程看，由于透镜与玻璃板接触，$k=0$ 对应的牛顿环中心位置，即牛顿环中心是暗斑。如果你在读数显微镜下看到牛顿环中心是明

斑，在测牛顿环半径时，式（13.9）还适用吗？应该如何处理？

分析解答：在读数显微镜下看到牛顿环中心是明斑，此时，该处空气膜的厚度一定不为零，而式（13.9）成立的前提是平凸透镜与平板玻璃相接处，即膜厚 $e=0$。所以，此时不要急于进行测量，应调整牛顿环装置上三个顶丝，确保平凸透镜与平板玻璃接触，同时还应注意，调整三个顶丝时，尽可能使平凸透镜与平板玻璃在各方向受力均匀，防止因玻璃受力不均导致牛顿环变形，使测量误差增大。其实，我们在做实验时，尽可能选择高级次的牛顿环测量，也是基于这样的考虑。

填空题及答案

1. 利用等厚干涉条纹可以检验精密加工后工件表面的质量。在工件上放一平玻璃，使其间形成空气劈形膜。以单色平行光垂直照射玻璃表面时，观察到的干涉条纹弯向劈尖，判断工件表面上纹路是__凹__（填凹或凸）。

2. 光的干涉、衍射和偏振现象说明光具有__波动性、而且是横波__。

3. 获得相干光常用的方法有__分振幅法__和__分波阵面法__。

4. 惠更斯引入__子波__的概念提出了惠更斯原理，菲涅耳再用__子波干涉__的思想补充了惠更斯原理，发展成了惠更斯－菲涅耳原理。

5. 每毫米有 800 条刻线的光栅，其光栅常数等于__1.25μm__。

6. 检验自然光、线偏振光和部分偏振光时，使被检验光入射到偏振片上，然后旋转偏振片。若从偏振片射出的光线光强有变化，且存在消光现象，则入射光为__线偏振光__。

7. 自然光垂直照射到两块互相重叠的偏振片上，如果透射光强分别为入射光强的一半和最大透射光强的一半，则两偏振片的偏振化方向间的夹角分别为__0°，45°__。

思考与练习解答

1. 为什么在普通光源中常用分振幅法或分波阵面法获得相干光，并且只通过计算光程差来计算干涉结果？

分析解答：普通光源发光是原子自发跃迁所致。由于每次发光时间极短（约为 10^{-8}s），致使发出的波列长度很有限，而且，光源不同处同时发出的波列以及光源的同一处不同时间光发出的不同波列都具有随机性和偶然性，不满足光的相干条件，都不是相干光。但是，通过反射或折射，从同一波列上的某一点分离出来的两束或多束光以及同一波阵面上各点发出的光初相位相同，频率相同，光振动方向相同，满足相干条件。因此，对于普通光源，通常都采取分振幅法或分波阵面法来获得相干光。由于采用这两种方法获得的相干光初相位相同，所以当两列子波再相遇时，所产生的相位差只包含 $2\pi\delta/\lambda$ 这一项，于是便有下面的对应关系：

$$\Delta\varphi = \pm 2k\pi \Leftrightarrow \delta = \pm k\lambda,\ \Delta\varphi = \pm(2k+1)\pi \Leftrightarrow \delta = \pm(2k+1)\frac{\lambda}{2}$$

可见，只需计算光程差便可求得干涉结果。

2. 如果将劈尖干涉装置放入水中，条纹发生怎样变化？如果将双缝中的一个缝用玻璃片遮盖，条纹又将怎样变化？

分析解答：把一切干涉装置从折射率小的环境移到折射率大的环境中，都会因光程差增大而使干涉条纹间距变小。例如，将双缝干涉装置从空气里移到水中，这时，光程差

$$\delta = nr_2 - nr_1 = n\frac{d}{D}x$$

在屏上 x 处产生明条纹的条件即可写为

$$\delta = n\frac{d}{D}x = \pm k\lambda \quad (k = 0, 1, 2, \cdots)$$

由此解得相邻明条纹的间距变为

$$\Delta x = \frac{D}{nd}\lambda$$

如果将劈尖装置放入水中，相邻明条纹或相邻间的高度差 $\Delta e = \lambda/2n$，由于劈尖角很小，可认为 $\Delta e/\Delta l \approx \theta$，所以，相邻明条纹或相邻间的距离为

$$\Delta l = \frac{\lambda}{2n\theta}$$

可见，条纹间距变小。

如果将双缝中的一个缝用玻璃片遮盖，这和整个装置移到折射率较大环境有所不同，即不会影响条纹间距，只是由于一个缝被遮盖而改变了光程差，因而原来光程差为零的点（中央明纹位置）将向被遮盖缝所在方向移动，比如上方的缝被遮盖，则条纹间距不变，条纹整体向上移动。

3. 衍射的本质是什么？衍射和干涉有什么区别和联系？

分析解答：前面“理性解读”中已有明确叙述，二者的区别在于，衍射是无限多条相干光的相干叠加，干涉是有限条相干光的相干叠加。衍射强调的是光的绕射，干涉强调的是光的直线传播。衍射和干涉的共同点：都是相干光的相干叠加。

4. 什么是半波带？单缝衍射中半波带是如何划分的？对应于单缝衍射第 3 级明条纹和第 4 级暗条纹，单缝处被分成几个半波带？

分析解答：单缝衍射的半波带法是指对应于某一衍射角发出的所有子波，假设其最大光程差刚好等于入射光半波长的整数倍，即 $n\lambda/2$。相应地，每隔半波

长的距离作一垂线，相应地，单缝也被分成 n 等份，即 n 个波带，因每个半波带上对应点发出的光线光程差均为半波长，所以对应的波带习惯上称为半波带。

由半波带法可知，单缝衍射的明条纹应满足如下条件：

$$a\sin\theta = \pm(2k+1)\frac{\lambda}{2} \quad (k=1,2,\cdots)$$

将 $k=3$ 代入上式，有 $2k+1=7$，即对应于该衍射角，单缝被分成 7 个半波带。而单缝衍射的暗条纹应满足如下条件：

$$a\sin\theta = \pm(2k)\frac{\lambda}{2} \quad (k=1,2,\cdots)$$

因此，对应于第 4 级（$k=4$）暗条纹的衍射角，该单缝被分成 8 个半波带。

5. 对应于 30°衍射角处，如果调整缝宽，使其分别为 3λ，4λ，则缝被分成几个半波带？屏上对应位置是明条纹还是暗条纹？

分析解答：对应 30°的衍射角，将缝宽 $a=3\lambda$ 代入最大光程差 $a\sin\theta$ 中，有

$$a\sin\theta = \pm(3\lambda)\frac{1}{2} = \pm 3\ \frac{\lambda}{2}$$

符合衍射明条纹条件，并将其与 $a\sin\theta = \pm(2k+1)\lambda/2$ 对比，可见，$2k+1=3$，缝被分成 3 个半波带，且 $k=1$。即，对应于 30°方向的屏上，呈现的是第 1 级明条纹。

再将 $a=4\lambda$ 代入最大光程差 $a\sin\theta$ 中，有

$$a\sin\theta = \pm(4\lambda)\frac{1}{2} = \pm 4\ \frac{\lambda}{2}$$

符合衍射暗条纹条件，并将其与 $a\sin\theta = \pm 2k\lambda/2$ 对比，可见，$2k=4$，缝被分成 4 个半波带，且 $k=2$，即对应于 30°方向的屏上，呈现的是第 2 级暗条纹。

6. 在单缝衍射中，为什么级次越高，条纹亮度越低？

分析解答：依据单缝衍射明条纹条件，单缝发射的子波总能量是一定的，衍射的级次越高，对应的衍射角越大，相应地，最大光程差 $a\sin\theta$ 也越大，缝被分成的半波带数目增多，每个半波带所具有的光能越少，奇数个半波带中，只剩下最后一个半波带的光未被抵消。所以，随着衍射角增大，条纹亮度降低。

7. 单缝衍射中的暗条纹条件与光栅衍射或双缝干涉的明条纹条件类似，两者相互矛盾吗？如何加以说明？

分析解答：要回答这一问题，首先要看单缝衍射和衍射光栅或双缝干涉中的光程差所代表的含义。在单缝衍射中，$a\sin\theta$ 指的是宽度为 a 的狭缝相对于衍射角 θ 发出的无数多条相干光中最大光程差，由于每两个相邻半波带对应点发出光，都因波程相差半波长，导致相位差 π，因而干涉相消。若 $a\sin\theta = \pm(2k)\lambda/2$，即半波带是偶数（$2k$）个（$k$ 是屏上对应衍射角 θ 处暗条纹的级次），则所有成对的半波带发出的光全部干涉相消，在屏上产生暗条纹。而光栅衍射方程

中 $(a+b)\sin\theta$ 或双缝干涉中 $\delta=r_2-r_1$ 指的是双缝对应点发出的光产生的光程差 $(a+b)\sin\theta=\pm k\lambda$ 或 $\delta=\pm k\lambda$，这是两束光干涉极大的条件，k 是干涉明条纹的级次。从光程差和 k 所代表的含义看，这是不相干的两个问题，因此

$$a\sin\theta=\pm(2k)\lambda/2 \text{ 与} (a+b)\sin\theta=\pm k\lambda$$

相比较是没有意义的。更谈不上相互矛盾。

8. 玻璃也是透明的介质板，在日光照射下，你为何看不到干涉现象？

分析解答：对于薄膜干涉，我们已经做了深入讨论，不管是薄膜的等倾干涉还是等厚干涉，强调膜的厚度必须足够薄。这是因为，用分振幅法获得相干光时，分出的子波源自同一波列，如果膜很厚，在膜的上表面产生的反射光到达视场后，膜的下表面产生的反射光还没有到达，即两束子波因不满足时间相干性而不能相遇，也就无法进行相干叠加。所以，光照射到像普通玻璃这样厚的透明介质上，也就看不到干涉条纹。要更为深入地理解这一问题，请参照主教材第六节中关于光的时间相干性的介绍。

9. 如图 13.2（主教材图 13.42）所示，单色平行光照射在薄膜上，经上下两表面反射的两束光发生干涉，若薄膜的厚度为 e，且 $n_1<n_2$，$n_3<n_2$，λ 为光在介质折射率为 n_1 中的波长，则两束反射光的光程差为（　　）。

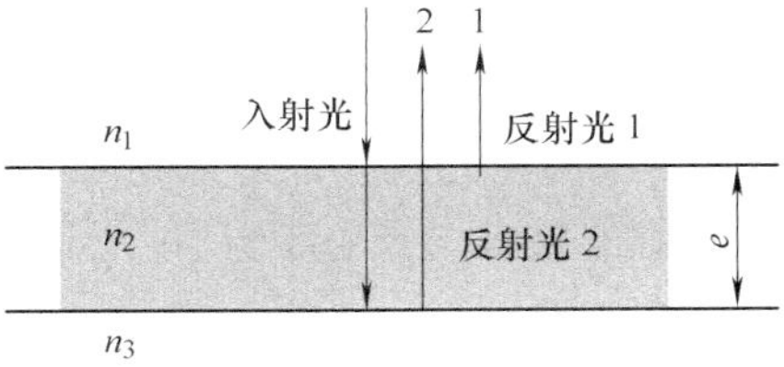

图　13.2

(A) $2n_2e$　　(B) $2n_2e+\dfrac{\lambda}{2}$　　(C) $2n_1e+\dfrac{n_2\lambda}{2}$　　(D) $2n_2e+\dfrac{n_1\lambda}{2}$

分析解答：(D) 正确。我们已经知道，光垂直入射到薄膜上，如果满足 $n_1<n_2>n_3$ 或者是满足 $n_1>n_2<n_3$ 的条件，则反射光的光程差为

$$\delta=2n_2e+\frac{\lambda}{2}$$

不过，需要特别强调：式中的 λ 指的是该单色光在真空中的波长，而题中给出的 λ 指的是光在第一种介质中的波长，所以必须将其换算成在真空中的波长 $n_1\lambda$。

10. 一束波长为 λ 的单色光由空气垂直入射到折射率为 n 的透明薄膜上，透明薄膜放在空气中，要使反射光得到干涉加强，则薄膜最小的厚度为（　　）。

(A) $\lambda/4$　　(B) $\lambda/4n$　　(C) $\lambda/2$　　(D) $\lambda/2n$

分析解答：(B) 正确。要使反射光干涉加强，必有

$$2ne+\frac{\lambda}{2}=k\lambda \quad (k=1,2,\cdots)$$

膜的最小厚度对应于 $k=1$，代入上式，并整理，膜的最小厚度 $e=\lambda/4n$。

11. 一束平行单色光垂直入射在光栅上，当光栅常数 d 为下列哪种情况时（a 是每条缝宽度，b 为刻痕宽度），$k=2$，4，6，…等级次的主极大均不出现（　　）。

（A）$d=2a$　（B）$d=3a$　（C）$d=4a$　（D）$d=2b$

分析解答：（A）正确。缺级是指对应于某一衍射角，缝间干涉应出现主极大，而对同一衍射角，单缝衍射出现极小，由于单缝衍射的调制使缝间干涉的主极大不能出现，所以必须同时满足以下两个条件，即

干涉极大条件：$d\sin\theta=\pm k\lambda$　$(k=0,1,2,\cdots)$

衍射极小条件：$a\sin\theta=\pm(2k')\dfrac{\lambda}{2}$　$(k'=1,2,3,\cdots)$

将以上两式两端相除，得到

$$\frac{d}{a}=\frac{k}{k'}\rightarrow k=\frac{d}{a}k'$$

由此可知，$k'=1$，2，3，…时，必须保证 $k=2$，4，6，…等干涉主极大不出现，因此必有 $d/a=2$，即，$d=2a$。

12. 某单色光垂直入射到每厘米有 5000 条狭缝的光栅上，在第 4 级明条纹中观察到的最大波长小于（　　）。

（A）400nm　（B）450nm　（C）500nm　（D）550nm

分析解答：（C）正确。可以将本题所给条件翻译成：每厘米有 5000 条狭缝，每个狭缝又对应于一个光栅常数，也就是每厘米有 5000 个光栅常数，那么，一个光栅常数有多大？于是，光栅常数 $d=10^7/5000\text{nm}=2\times10^3\text{nm}$。而光栅衍射明条纹条件为

$$d\sin\theta=\pm k\lambda\quad(k=0,1,2,\cdots)$$

由此可以看出，在光栅常数和级次 k 确定以后，最大波长对应于最大衍射角，由于 $\sin\theta\leqslant1$，所以，第 4 级（$k=4$）明条纹中，能观察到的最大波长小于 $\lambda=2\times10^3/4\text{nm}=500\text{nm}$。

13. 在双缝干涉实验中，双缝间距为 0.30mm，用单色光垂直照射双缝，在离缝 1.2m 的屏上测得中央明条纹一侧第 5 条暗条纹与另一侧第 5 条暗条纹的距离为 22.78mm，问所用光的波长为多少？对照本章第一节光波段波长划分参考值，该光是什么颜色？

分析解答：中央明条纹一侧第 5 条暗条纹到另一侧第 5 条暗条纹的距离包含 9 个条纹间距，因此，条纹间距 $\Delta x=22.78/9\text{mm}$，我们已经知道，双缝条纹间距为

$$\Delta x=\frac{D}{d}\lambda$$

故该入射光波长为

$$\lambda=\frac{\Delta xd}{D}=\frac{22.78\times10^{6}\times0.3\times10^{6}}{9\times1.2\times10^{9}}\text{nm}=632.78\text{nm}$$

参照可见光波长分段表，该入射光是红光。

假如把两侧第5条暗条纹改为第5条明条纹，其他条件不变，结果又如何？

14. 将一折射率 $n=1.58$ 的云母片遮盖在双缝下面的缝上，使得屏上原中央明条纹处被第5级明条纹占据，如果入射光波长 $\lambda=550\text{nm}$，(1) 分析条纹如何移动，条纹间距是否变化？(2) 求云母片的厚度。

分析解答：

(1) 用云母片遮盖下缝，使得从该缝发出的光程增加，那么，与原来光程差为零对应的中央明条纹就将向下移动。由于双缝装置整体还是处在空气中，所以条纹间距不变，只是整体下移。

(2) 设想上缝也遮盖与云母片厚度 e 相同空气膜，双缝发出的光到达屏中央后产生的光程差 $\delta=r_2-r_1=ne-e$，由于原中央明条纹处被现在的5级明条纹占据，依据明条纹条件，应有下式成立：

$$ne-e=5\lambda$$

云母片的厚度为

$$e=\frac{5\lambda}{n-1}=\frac{5\times550}{1.58-1}\text{nm}=4741\text{nm}=4.74\times10^{-6}\text{m}$$

15. 照相机镜头是折射率为1.58的玻璃，上面镀有折射率为1.38的透明氟化镁薄膜，如图13.3所示。在初夏，户外背景以黄绿光为主，若要使垂直入射到镜头的黄绿光（波长约为550nm）最大限度进入镜头，那么所镀膜厚至少为多少？

分析解答：设空气、氟化镁、玻璃的折射率分别为 n_1，n_2，n_3。前面已经分析过，此时，反射光程差中无半波损失，而透射光程差中就一定有半波损失（发生在氟化镁与玻璃分界面）。因此，透射光程差为 $2n_2e+\lambda/2$，要使透射光因干涉加强，应有

$$2n_2e+\frac{\lambda}{2}=k\lambda\quad(k=1,2,3,\cdots)$$

膜的最小厚度对应 $k=1$，所以

$$e=\frac{\lambda}{4n_2}=\frac{550}{4\times1.38}\text{nm}=99.64\text{nm}$$

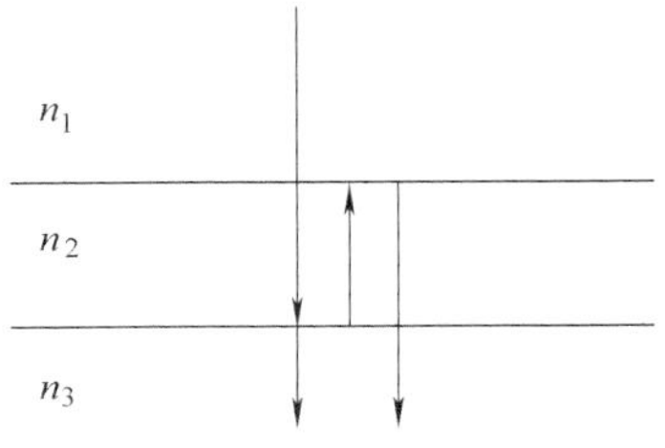

图　13.3

16. 单色平面光波垂直入射到宽度为0.5mm的单缝上，缝后置一焦距为1m的透镜，在焦平面上观察衍射条纹。若中央明条纹线宽为2mm，求：(1) 该光波长；(2) 中央明条纹与第3级

暗条纹间的距离。

分析解答：

（1）单缝衍射中央明条纹宽度（线宽）$\Delta x_0 = 2\lambda f/a$，所以，该入射光波长为

$$\lambda = \frac{a\Delta x_0}{2f} = \frac{0.5\times10^6\times2\times10^6}{2\times10^9}\text{nm} = 500\text{nm}$$

（2）除中央明条纹外，其他明条纹宽度和暗条纹宽度相等（$\Delta x = \lambda f/a$）。所以，第3级暗条纹中心到中央明条纹中心的距离共有3个条纹间距，$\Delta l = 3\Delta x = 3\text{mm}$。

17. 在白光形成的单缝衍射中，某一波长的第2级明条纹与波长为500nm的第3级明条纹重合，求该波长。

分析解答：依题意，对于未知波长的光，第2级明条纹满足

$$a\sin\theta = (2k+1)\frac{\lambda_1}{2} = \frac{5}{2}\lambda_1$$

对于波长500nm的光，第3级明条纹满足

$$a\sin\theta = (2k+1)\frac{\lambda_2}{2} = \frac{7}{2}\lambda_2$$

所以，未知波波长 $\lambda_1 = \frac{7}{5}\lambda_2 = 700\text{nm}$。

18. 老鹰眼睛的瞳孔直径约为6mm，问其最高飞翔多高时能看清地面上身长为5cm的小鼠？设光在空气中的波长为600nm。

分析解答：老鹰眼睛就是一个透镜，它的最小分辨角

$$\theta_0 = 1.22\frac{\lambda}{D} = 1.22\times\frac{600}{6\times10^6}\text{rad} = 1.22\times10^{-4}\text{rad}$$

根据弧长、张角、半径三者关系，小鼠身长（相当于弧长）记为 l，可得高度 h（相当于半径）为

$$h = \frac{l}{\theta_0} = \frac{5\times10^{-2}}{1.22\times10^{-4}}\text{m} = 409.8\text{m}$$

19. 用 $\lambda = 600\text{nm}$ 的单色光垂直照射在宽为3cm、共有5000条缝的光栅上。问：（1）光栅常数是多少？（2）第2级主极大的衍射角 θ 为多少？（3）光屏上可以看到的条纹的最大级数？

分析解答：

（1）5000缝对应着相同数目的光栅常数，所以，光栅常数

$$d = \frac{3\times10^{-2}}{5000}\text{m} = 6\times10^{-6}\text{m}$$

（2）对于第2级主极大衍射角，应有

$$d\sin\theta = k\lambda \rightarrow 6\times10^{-6}\sin\theta = 2\times600\times10^{-9}$$

$$\sin\theta=\frac{1.2\times10^{-6}}{6\times10^{-6}}=0.2\rightarrow\theta\approx11.5°$$

（3）屏上看到的最大级次是一种理想情况，即，$\theta<90°$，$\sin\theta<1$，此时

$$k<\pm\frac{d}{\lambda}<\pm\frac{6\times10^{-6}}{600\times10^{-9}}=\pm10$$

由于 k 只能取整数，所以最多只看到 $k=\pm9$ 级条纹，如果考虑缺级的影响，实际看到的条纹数会更少。

20. 一束平行光垂直入射到某个光栅上，该光束含有两种波长的光，$\lambda_1=440\text{nm}$ 的蓝光和 $\lambda_2=660\text{nm}$ 的红光。实验发现，两种波长的谱线（不计中央明条纹）第二次重合于 $\theta=60°$的方向上，求此光栅的光栅常数。

分析解答：在 $\theta=60°$处第二次重叠，应有

$$d\sin60°=k_1\lambda_1$$

$$d\sin60°=k_2\lambda_2$$

即

$$k_1:k_2=\lambda_2:\lambda_1=3:2$$

由于级次是整数，又要满足上述比，所以，第一次重叠时它们都应取最小值，即 $k_1=3$，$k_2=2$。那么，第二次重叠 $k_1=6$，$k_2=4$，可求得

$$d=\frac{k_1\lambda_1}{\sin60°}=\frac{k_2\lambda_2}{\sin60°}=3.05\mu\text{m}$$

第十四章　近代物理基础

狭义相对论和量子物理学是近代物理的两大支柱性学科。这两个学科体系的建立凝结着科学家们辛勤的汗水，饱含了近代物理先驱者的艰辛。在常人看来不可思议的事情（至少在那个年代），他们却毅然冲破传统的羁绊，掀起了轰轰烈烈的时空观与物质观的革命浪潮，用理性和智慧铸就成全新的理论。它是我们认识自然的金钥匙——引领我们开启了一扇扇未知世界之门；它是启迪我们心智的导师——启发我们树立科学的自然观、宇宙观和辩证唯物主义的世界观。物质世界是完美、和谐、统一和对称的世界，它在等待我们探究，物理学中诸如简单的朴素美、和谐的对称美、奇异的创新美无处不在，它在等待我们挖掘。

考虑到教学对象所学专业和教学学时设置等因素，结合三十多年的教学实践经验与体会，更注意到教学对象的承受能力，我们尝试以近代物理基础为题，以19世纪末物理学天空中的“两朵乌云”为背景，以这一时期的科学家们创新性思维和开创性工作为线索，以讲座形式简要介绍狭义相对论和量子物理诞生和发展的过程。目的是通过讲座，让我们在理论层面认识经典物理的局限性，理解时空观和物质观革命的重大意义。在素材遴选和编写风格上，注重引导读者理性化思考，激发读者的创新欲望，尽量避免让学生望而生畏的理论推演。经过几轮的课堂教学实践，取得了满意的效果。鉴于本章的九个讲座仅仅是对近代物理的概略性介绍，所以，不做知识体系结构图和系统性总结。

思考与练习解答

1. 看了爱因斯坦关于时间和空间十年的思考，你的感受是什么？

思考与体会：爱因斯坦在最初设计的追光实验中所得到的结论，隐含着光速不变以及光速是物体的极限速度的深邃思想内涵。他对麦克斯韦电磁理论的正确性坚信不疑，但其中的光速作为常数出现，这便需要一个绝对静止的参考系（以太）的存在，可是，包括迈克尔逊-莫雷试验在内的许多寻找以太的实验均告失败，但这些也不足以作为光速不变的证据，爱因斯坦经过研究，发现以太在电磁学理论中是没有意义的。他甚至没有过多在意迈克尔逊-莫雷实验和洛仑兹变换，而是基于他坚定的自然观——物质世界是完美、和谐、统一和对称的世界，基于他缜密、理性的逻辑思维，提出了广义的相对性原理和光速不变原理。起初看来，相对性原理容易被人们理解和接受，但光速不变原理似乎让人匪夷所思，它显然违背了经典力学的时空观。其实，这个矛盾早在麦克斯韦电磁理论诞生那一刻就暴露无遗了。是呀，连经典的电磁学与经典力学都无法自洽，而在各自领域又都被证明是正确的理论，到底是为什么？究竟为什么呢？爱因斯坦最初提出光速不变是包含大胆的设想或是想象的成分，他曾有过这样的名言：“**想象力比知识更重要，因为知识是有限的，而想象力概括着世界上的一切，推动着进步，并且是知识进步的源泉**”；还曾说过：“**若无某种大胆放肆的猜想，一般是不可能有知识的进展的**”。

光速不变就是基于满足电磁理论和相对性原理要求下的大胆的假设和“放肆的猜想”。但这一大胆假设的背后有着强有力的支撑，这就是爱因斯坦缜密理性的逻辑思维体系。他将光速不变原理量化，即可等价表述为：要满足相对性原理，即在两个惯性系中，要使物理规律具有不变形式，就必然存在一个相应的变换，而要使该变换确定并有意义，变换式中必须有一个常数存在，它就是光速 c。进一步的问题出现了，承认光速不变，空间和时间都不可能是相互独立的，这必然导致旧的时间和空间概念上的革命。上面提到的变换，指的是洛仑兹变换，那是洛仑兹为了使麦克斯韦理论自洽，或是为协调麦克斯韦电磁理论与经典力学时空观的矛盾而提出的，对与该变换相适应的更深层物理学内涵并没有作更深入的探究。正是爱因斯坦基于对时间和空间性质长达十年的思考，以两条“原理”为前提，或者说与两条基本原理相协调，才赋予了洛仑兹变换更深刻、更鲜活的物理内涵。另外，在物体运动速度远小于光速时，洛仑兹变换与伽利略变换相一致，从这个意义上讲，狭义相对论时空观的建立既是一场时空观念上的革命，也是对经典力学时空观的继承和发展。

2. 你能借助主教材中关于“同时的相对性”“长度收缩效应”和“时间延缓效应”的导入模式，推导它们的互逆效应吗（即把条件放在另一参照系中推导这三个效应）？

分析解答：仅以长度收缩效应为例加以说明。现在将尺子放在地上（S′系），让车（S 系）沿着尺放置的方向运动。我们在运动的车上测量该尺的长度。在车上看，地面以速度 v 运动。在地面上测尺的长度为

$$\Delta l_0 = x_2' - x_1'$$

而在车上要测尺的长度，一定要同时（$t_1 = t_2$）测量尺子首尾坐标，由洛仑兹变换

$$x_1' = k(x_1 - vt_1)$$
$$x_2' = k(x_2 - vt_2)$$

式中，$k = \dfrac{1}{\sqrt{1 - v^2/c^2}}$。

将两式相减得 $\Delta l_0 = x_2' - x_1' = k(x_2 - x_1) = k\Delta l$，即 $\Delta l = \sqrt{1 - v^2/c^2}\,\Delta l_0$，运动的尺变短了。即**运动方向的长度收缩**。可见，长度收缩效应是互逆的。只有**固有长度**

最长。

3. 为什么实际物体在真空中加速不到光速 c。在介质中实物粒子运动速度可以超过光速，这时会发生什么现象？

分析解答：实际物体在真空中加速不到光速，在第二章问题 1 中已有详细讨论。现在可以直接利用质量与速度的关系式得出答案。由主教材中式（14.10）即

$$m=\frac{m_0}{\sqrt{1-\frac{v^2}{c^2}}}$$

看出，$m_0=m\sqrt{1-v^2/c^2}$，如果 $v=c$，$m_0=0$，也就是说，只有静止质量为零的光子才能以光速运动，其他一切实际物体都不可能加速到光速。然而，在介质中，高速带电粒子的运动速度可以超过光速，这时，会产生类似冲击波那样的电磁辐射。该辐射以较短波长为主，因此，发出蓝色辉光，也称切连科夫辐射。

4. 你对光的波动性和量子性是如何理解的？这两种特征会同时反映出来吗？

分析解答：通过本章的学习，我们已经理解，一切实物粒子都具有波粒二象性，光也不例外，它在不同场合反映出不同的性质，比如光通过双缝或单缝时会发生干涉和衍射，反映出光的波动性质；在和物质相互作用时，它又反映出实物物质属性，如光电效应。光在不同场合所反映出的性质是不同的，其波动性和量子性不会同时反映出来。频率为 ν 的光，发出的能量最小单元是 $\varepsilon=h\nu$，我们称其为一个光量子（光子）的能量。

5. 把太阳看成是黑体，测得太阳最大单色辐出度对应的波长是 λ_m，求太阳表面的温度。如果太阳的平均半径为 r_s，太阳到地球的距离为 h_{es}，且不考虑大气的吸收。求太阳垂直照射到地球表面上时，单位面积接收到的辐射功率。

分析解答：由维恩位移定律可知，太阳表面的温度为 $T=b/\lambda_m$

由斯特藩－玻耳兹曼定律，太阳表面单位面积的辐射功率（辐出度）为 $W_s=\sigma T^4$，所以太阳的总辐射功率为 $4\pi r_s^2 W_s$。这些能量辐射到了以 h_{es} 为半径的球面上。那么，在以这一半径所作的球面上，单位面积接收的辐射功率，即这一距离上，地球表面单位面积接收的辐射功率为

$$W_e=\frac{4\pi r_s^2 W_s}{4\pi {h_{es}}^2}=\sigma T^4\ \frac{r_s^2}{{h_{es}}^2}$$

6. 依据思考与练习 5 后一问题的分析与解答过程，从能量角度，利用定性和半定量物理学观点，抽象出你的物理模型，尝试着估算如果只依赖太阳能，地球最多可以养活多少人？

说明：鉴于本问题可建立多种模型，而且采用定性半定量研究方法，所以只供读者自行抽象模型，估算太阳辐射能与人均消耗能，进而估算地球人口承载数量。

7. 测得炉壁小孔辐射出来的能量（辐出度）为 W，求炉内温度 T 和单色辐出度峰值波长 λ_m。

分析解答：由斯特藩－玻耳兹曼定律得炉内温度 $T=\sqrt[4]{W/\sigma}$，再由维恩位移定律得炉内辐射峰值波长 $\lambda_m=b/T$。

8. 如果一个光子的能量等于电子的静能量，问光子的频率和波长是多少？其在电磁波谱中属于哪种波段？

分析解答：一个频率为 ν 的光子能量 $\varepsilon=h\nu$，而电子的静能量为 $E_0=m_0c^2$（m_0 为电子静质量），这样，由题意，应该有 $h\nu=m_0c^2$，所以，该光子的频率为

$$\nu=\frac{m_0c^2}{h}=9.11\times10^{-31}\times\frac{(3\times10^8)^2}{6.63\times10^{-34}}\text{Hz}\approx1.24\times10^{20}\text{Hz}$$

光子波长为

$$\lambda=\frac{c}{\nu}=2.4\times10^{-12}\text{m}=0.024\text{Å}$$，在电磁波谱中属 X 射线。

参 考 文 献

[1] 杜秀国，白晓明．大学物理学：上册［M］．北京：机械工业出版社，2013.
[2] 姜广军，程彦明．大学物理学：上册［M］．北京：机械工业出版社，2013.